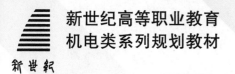

新世纪高等职业教育
机电类系列规划教材

U0151809

AutoCAD
工程应用实例教程

附微课视频

（2021中文版）

◉ 主　编　刘　哲
　　副主编　郇　雨　钟荣林　唐春龙
　　主　审　王技德

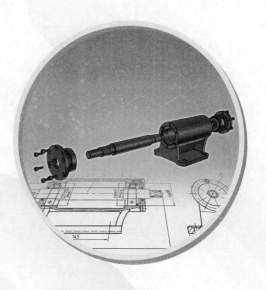

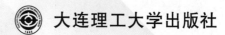

大连理工大学出版社

图书在版编目(CIP)数据

AutoCAD工程应用实例教程／刘哲主编． -- 大连：
大连理工大学出版社，2023.1(2024.1重印)
ISBN 978-7-5685-3423-9

Ⅰ．①A… Ⅱ．①刘… Ⅲ．①工程制图－AutoCAD软件
－高等学校－教材 Ⅳ．①TB237

中国版本图书馆CIP数据核字(2021)第255847号

大连理工大学出版社出版
地址：大连市软件园路80号 邮政编码：116023
电话：0411-84708842 邮购：0411-84708943 传真：0411-84701466
E-mail：dutp@dutp.cn URL：https://www.dutp.cn
辽宁星海彩色印刷有限公司印刷 大连理工大学出版社发行

幅面尺寸：185mm×260mm 印张：14 字数：341千字
2023年1月第1版 2024年1月第3次印刷

责任编辑：吴媛媛 责任校对：陈星源
封面设计：张 莹

ISBN 978-7-5685-3423-9 定 价：45.00元

本书如有印装质量问题,请与我社发行部联系更换。

前　言

　　《AutoCAD 工程应用实例教程》是新世纪高等职业教育机电类系列规划教材之一。

　　几年来我们编写了《中文版 AutoCAD 2004 实用教程》、《中文版 AutoCAD 2006 实例教程》、《AutoCAD 绘图及应用教程》(2009 中文版)、《AutoCAD 实例教程》(2009 中文版)及《Auto-CAD 实例教程》(2014 中文版)。其中《中文版 AutoCAD 2004 实用教程》被评为普通高等教育"十一五"国家级规划教材,《Auto-CAD 实例教程》(2014 中文版)先后被评为"十二五"职业教育国家规划教材及"十三五"职业教育国家规划教材。这几种教材因有助于教学、实用性强而深受教学单位和读者的欢迎。

　　本教材以 AutoCAD 2021 中文版为基础,保留了上述五个版本教材的优点,并按照教学单位及读者的意见重新进行编写,力求体现创新性、实用性。

　　1. 实例教学,符合高职学生特点,适应高职教学改革的需要

　　书中大量实例来自生产实际,并深入浅出地讲解了这些实例的绘制过程,重点不在于解释每一条命令,而是在完成一个实例的过程中学习相应命令,掌握基本绘图方法,将枯燥的命令变成现实的任务,方便教学,易于学生掌握,有利地配合了课程教学改革的顺利进行。同时,坚持实例、技巧及经验并重,对学生容易出现的错误进行重点讲解。

　　2. 与时俱进,实现高职教材的动态化

　　教材内容全面、新颖,注重软件更新,以 AutoCAD 2021 中文版为基础,涉及广泛的 AutoCAD 功能。采用新标准、新技术、新规范、新理念等,与工程图学结合紧密,具有很强的实用性。

　　3. 加大吸引力,注重教材表现形式

　　就文字而言,力求通俗易懂,新颖活泼;就版面编排而言,力求图文搭配,版式灵活;就图形设计而言,力求简洁、美观,符合国家制图标准规定。

　　4. 体例科学合理,能够达到课程的培养目标

　　教材结构框架合理,能够满足课程标准的要求。教材篇幅适合课程学时安排。理论描述注重基础知识的讲解,易于学生接受。教材习题数量适当,难度适中。

5.实例应用性强,为后续课程的学习及就业奠定良好基础

采用项目引领、任务驱动模式编写教材,汇编来自教学、科研和行业企业的最新典型案例,促进学生职业素质的培养。加强实践性教学环节,融入充分的实训内容,达到举一反三的效果。

本教材可作为高职院校、相关领域培训机构和AutoCAD爱好者的教材,也可作为工程技术人员的参考书。

本教材由惠州工程职业学院刘哲任主编,青岛城市学院郇雨、惠州工程职业学院钟荣林、唐春龙任副主编。具体编写分工如下:刘哲编写单元3、单元4、单元5;郇雨编写单元7、单元8;钟荣林编写单元6;唐春龙编写单元1、单元2。深圳市赢合科技股份有限公司陈哲、惠州工程职业学院杨晓宇提供了部分实例素材。刘哲负责全书内容的统稿及定稿。兰州职业技术学院王技德审阅了全书并提出了许多宝贵的意见和建议,在此表示诚挚的感谢!

在编写本教材的过程中,我们参考、引用和改编了国内外出版物中的相关资料以及网络资料,在此对这些资料的作者表示深深的谢意!请相关著作权人看到本教材后与出版社联系,出版社将按照相关法律的规定支付稿酬。

尽管我们在高职教材特色的建设方面做了许多努力,但由于能力和水平有限,加之高职院校各专业对该课程教学内容的要求有差异,教材中仍可能存在不当之处,恳请各相关院校同人和读者朋友在使用本教材时给予关注,并将意见及时反馈给我们,以便下次修订时完善。

编　者
2022 年 12 月

所有意见和建议请发往:dutpgz@163.com
欢迎访问职教数字化服务平台:https://www.dutp.cn/sve/
联系电话:0411-84707424　84708979

目　录

本 书 约 定

　　为了方便读者学习,本书采用了一些符号和不同的字体表示不同的含义。在学习本书时应注意以下规则:

　　1.符号"↙"表示按"Enter"键,简称回车。

　　2.菜单命令采用[ ][ ]形式,如[绘图][矩形]指单击"绘图"下拉菜单,在弹出的菜单中选择"矩形"命令。

　　3.功能区选项卡中面板命令采用<> <> <>形式,如<默认><绘图><矩形>指选择功能区"默认"选项卡中"绘图"面板上的"矩形"命令。

　　4.在实例的绘图步骤中,楷体描述的部分表示系统提示信息,随后紧跟着的加粗黑体描述的部分为用户动作,与之有一定间隔的"//"之后的楷体描述的部分为注释。如:

　　命令:LINE ↙

　　指定第一个点:80,160 ↙　　　　　　　　　　　　// 选择直线的起点 A

　　其中"命令:""指定第一个点:"为系统提示信息,"**LINE ↙**""**80,160 ↙**"为用户动作,"选择直线的起点 A"为注释。

　　5.用键盘输入命令和参数时,大小写功能相同。

　　6.功能键由 ☐☐ 标识。如 Esc 指键盘上的"Esc"键。

单元 1
AutoCAD 2021轻松入门

学习要点

AutoCAD 是 Autodesk 公司发行的一款计算机辅助设计软件,具有绘制二维图形和三维图形、标注尺寸、协同设计及图纸管理等功能。可用于机械设计、建筑设计、装饰设计、服装设计及电气设计等领域。AutoCAD 2021 简体中文版是目前应用的最新版本。

本单元主要介绍 AutoCAD 2021 的基本常识,以方便读者快速掌握 AutoCAD 2021 的基础知识,方便后续的学习。

素养提升

激发学生的爱国主义情怀,培养学生追求真理、严谨治学的求实精神及淡泊名利、潜心研究的奉献精神,使学生树立献身祖国的远大理想。

思政微课堂

1.1 启动 AutoCAD 2021

在默认的情况下,成功安装 AutoCAD 2021 简体中文版以后,系统会在桌面创建 Auto-CAD 2021 简体中文版快捷图标,如图 1-1 所示,并且在程序组里边也产生一个 AutoCAD 2021 简体中文版的程序组。与其他基于 Windows 系统的应用程序一样,我们可以通过双击 AutoCAD 2021 简体中文版快捷图标或从程序组中选择"AutoCAD 2021-简体中文(Simplified Chinese)"来启动 AutoCAD 2021 简体中文版。

图 1-1   AutoCAD 2021 简体中文版快捷图标

启动 AutoCAD 2021 后,选择"开始绘制"图标,将会看到如图 1-2 所示工作界面。

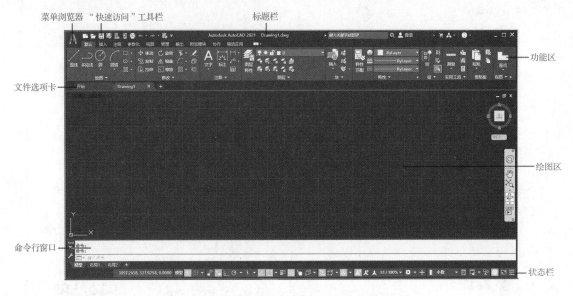

图 1-2　AutoCAD 2021 默认工作界面("草图与注释"界面)

1.2　工作界面与设置

启动 AutoCAD 2021 简体中文版以后,便可以开始绘图了。在绘图之前,先了解一下新版本的工作环境。

微课

工作界面与设置

一、工作空间

AutoCAD 2021 为用户提供了三个可供选用的空间界面,切换工作空间可用以下方法:在状态栏中找到"切换工作空间"按钮 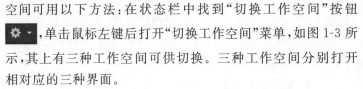,单击鼠标左键后打开"切换工作空间"菜单,如图 1-3 所示,其上有三种工作空间可供切换。三种工作空间分别打开相对应的三种界面。

1."草图与注释"界面

"草图与注释"界面是 AutoCAD 2021 第一次安装启动后的默认界面,用于绘制二维图形,如图 1-2 所示。

2."三维基础"界面

"三维基础"界面能提供有限的一些建模工具,适合初学者做三维建模练习,如图 1-4 所示。

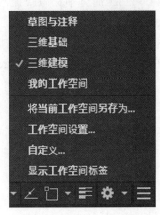

图 1-3　"切换工作空间"菜单

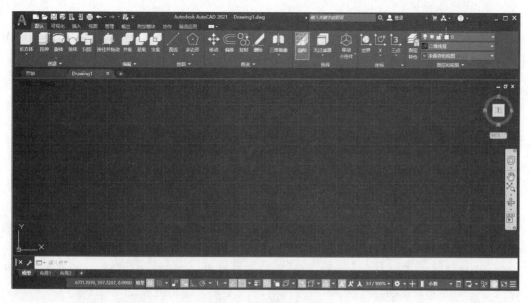

图 1-4　"三维基础"界面

3. "三维建模"界面

"三维建模"界面包含全部的三维建模、修改和渲染等工具,是用于进行三维建模的界面,如图 1-5 所示。

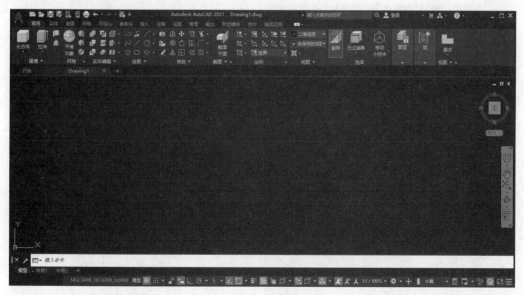

图 1-5　"三维建模"界面

注:本书单元 7(创建三维实体实例)内容是在"三维建模"工作空间完成的,其余各单元内容均在"草图与注释"工作空间完成。

二、界面介绍

1. 标题栏

标题栏位于工作界面的最上方,它由软件名称、"搜索"栏及窗口控制按钮等组成。

2. 菜单浏览器

菜单浏览器位于 AutoCAD 2021 工作界面的左上角,显示为一个按钮🅰,它主要的作用是:

(1)显示菜单项的列表,仿效传统的垂直显示菜单,它直接覆盖 AutoCAD 窗口,可展开和折叠,图 1-6 所示为菜单浏览器的展开菜单。

(2)查看或访问最近使用的文档、最近执行的动作和打开的文档。

(3)用户可通过单击展开菜单上方搜索工具,输入条件进行搜索,并可双击搜索后列出的项目,以直接访问关联的命令。

(4)展开菜单的下方还有"选项"按钮,单击可打开"选项"对话框。

3. "快速访问"工具栏

"快速访问"工具栏通常显示在功能区上方,位于"菜单浏览器"按钮🅰的右边。它包括最常使用的工具,如"新建"、"打开"、"保存"、"另存为"、"打印"、"放弃"及"重做"等按钮。用户可以通过"快速访问"工具栏打开一些常用的功能,或者关闭一些不常用的功能。如系统默认的界面中菜单栏是不显示的,可以利用"快速访问"工具栏将其显示出来,方法如下:

单击"快速访问"工具栏最右侧的下拉按钮▼,打开"自定义快速访问工具栏"菜单,如图 1-7 所示。选择[显示菜单栏]选项,则在"草图与注释"界面上出现菜单栏,如图 1-8 所示。

图 1-6 菜单浏览器的展开菜单

图 1-7 "自定义快速访问工具栏"菜单

图 1-8 调出菜单栏

4.菜单栏

菜单栏共有"文件"、"编辑"、"视图"及"插入"等12个菜单项目,其下拉菜单中的命令选项有三种形式:

(1)普通菜单:单击该菜单中的某一命令选项,将直接执行相应的命令。

(2)子菜单:命令选项的后面有向右的箭头符号,光标放在此命令选项上时将弹出下一级菜单。

(3)对话框:命令选项的后面有省略号,单击该命令选项将弹出相应的对话框。

5.功能区

在 AutoCAD 2021 中,功能区包含功能区选项卡和功能区面板,每个选项卡下设多个面板,每个面板上设有相关功能的按钮,如图1-9所示。功能区中的按钮是代替命令的简便工具,利用它们可以完成绘图过程中的大部分工作。

功能区选项卡 ——
功能区面板 ——

图 1-9 功能区

6.绘图区

绘图区包括绘图区域和坐标系图标。

(1)绘图区域

绘图区域是用于绘制图形的"图纸",是用户的工作窗口,是绘制、编辑和显示图形对象的区域。系统默认的绘图区域是黑色背景,可以根据需要改变背景颜色。改变背景颜色的方法为:打开"工具"下拉菜单,选择"选项"命令,系统弹出"选项"对话框,打开"显示"选项卡,如图1-10所示,在"窗口元素"选项组中,将"颜色主题"设置为"明",单击"颜色"按钮,打开"图形窗口颜色"对话框,如图1-11所示,在右上角"颜色"下拉列表中选择所需要的颜色,如"白",效果如图1-12所示。

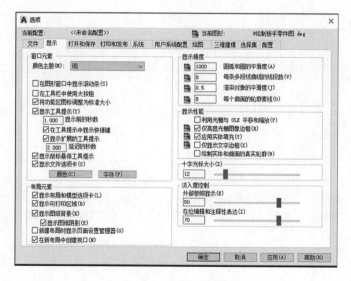

图 1-10 "选项"对话框

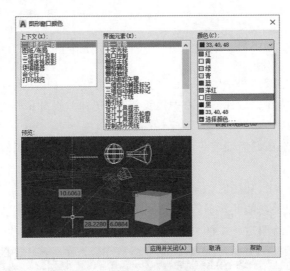

图1-11　"图形窗口颜色"对话框

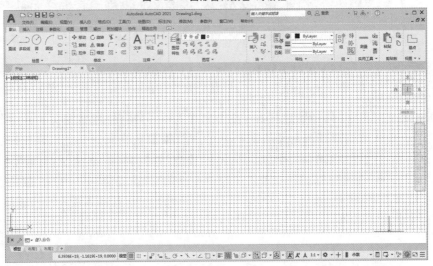

图1-12　改变绘图区背景

绘图区域包含"模型"和"布局"两种绘图模式,单击"模型"或"布局"标签可以在这两种模式之间进行切换。

一般情况下,在模型空间绘制图形,然后转至布局空间安排图纸输出布局。

（2）坐标系图标

坐标系图标用于显示当前坐标系的位置,通常情况下在绘图区左下角显示坐标系图标,坐标原点为(0,0),X轴为水平轴,向右为正向,Y轴为垂直轴,向上为正向;Z轴方向垂直于XY平面,指向绘图者为正向。AutoCAD的默认坐标系为世界坐标系（WCS）。若重新设定坐标系原点或调整坐标系的其他位置,则世界坐标系变为用户坐标系（UCS）。

（3）光标

光标在绘图区显示为十字形。十字光标的大小可根据用户的习惯进行调整。调整方法为:在图1-10所示的"选项"对话框中拖动"十字光标大小"选项下的滑块进行设置,十字光标的值越大,光标两边的延长线就越长。

7. 命令行窗口与文本窗口

（1）命令行窗口

命令行窗口（简称命令行）是用户通过键盘输入命令、参数等信息的地方。用户通过菜单和功能区执行的命令也会在命令行窗口中显示。默认情况下，命令行窗口位于绘图区域的下方，可以通过拖动命令行窗口的左边框将其移至任意位置。

可采用下述方法打开或关闭命令行窗口：

> 下拉菜单:［工具］［命令行］
> 快捷键: Ctrl ＋9

（2）文本窗口

文本窗口是记录 AutoCAD 历史命令的窗口，可以通过按 F2 键打开文本窗口，以便于快速访问完整的历史记录。

8. 状态栏

状态栏位于工作界面的最底端，用于显示当前的绘图状态。状态栏最左端的按钮是"模型空间"按钮，单击它，可在模型空间和图纸空间切换。其后是栅格、捕捉模式、推断约束、动态输入等具有绘图辅助功能的控制按钮，如图 1-13 所示。

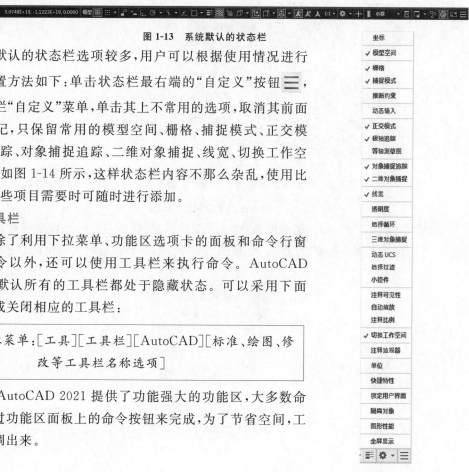

图 1-13　系统默认的状态栏

系统默认的状态栏选项较多，用户可以根据使用情况进行设置。设置方法如下：单击状态栏最右端的"自定义"按钮 ☰，打开状态栏"自定义"菜单，单击其上不常用的选项，取消其前面的勾选标记，只保留常用的模型空间、栅格、捕捉模式、正交模式、极轴追踪、对象捕捉追踪、二维对象捕捉、线宽、切换工作空间等选项，如图 1-14 所示，这样状态栏内容不那么杂乱，使用比较方便，有些项目需要时可随时进行添加。

9. 工具栏

用户除了利用下拉菜单、功能区选项卡的面板和命令行窗口执行命令以外，还可以使用工具栏来执行命令。AutoCAD 2021 系统默认所有的工具栏都处于隐藏状态。可以采用下面方法打开或关闭相应的工具栏：

> 下拉菜单:［工具］［工具栏］［AutoCAD］［标准、绘图、修改等工具栏名称选项］

由于 AutoCAD 2021 提供了功能强大的功能区，大多数命令均可通过功能区面板上的命令按钮来完成，为了节省空间，工具栏可不调出来。

图 1-14　状态栏"自定义"菜单

三、保存工作空间

工作空间设置好后可进行保存,方便以后使用。保存工作空间的方法如下:单击状态栏上的"切换工作空间"按钮 ⚙ ▾,打开"切换工作空间"菜单(图 1-3),选择[将当前工作空间另存为]选项,打开"保存工作空间"对话框,在"名称"文本框中输入工作空间的名称即可,如图 1-15 所示。

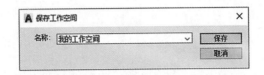

图 1-15　"保存工作空间"对话框

再次进入系统时,可选择"我的工作空间"进行绘图,如图 1-16 所示。

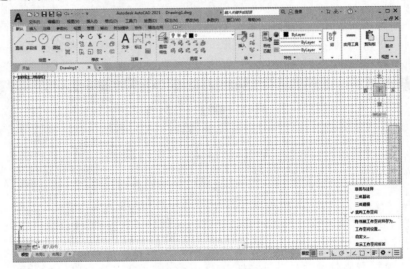

图 1-16　进入"我的工作空间"

或者在"切换工作空间"菜单中选择[工作空间设置]选项,打开"工作空间设置"对话框,选中"自动保存工作空间修改"单选钮,如图 1-17 所示,则所设置的工作空间将被保留。

图 1-17　"工作空间设置"对话框

1.3　图形文件的基本操作

用户绘制的图形最终都是以文件的形式保存,本节将对图形文件的操作做简单介绍。图形文件的操作包括图形文件的新建、打开、保存及另存为等。

一、创建新图形文件

启动 AutoCAD 2021 后,单击"开始绘制"图标,系统会自动新建一个名为 Drawing1.dwg 的空白图形文件,用户还可以通过以下方法创建新的图形文件:

> 菜单浏览器:[新建][图形]
> 下拉菜单:[文件][新建]
> "快速访问"工具栏:"新建"按钮 ▢
> 文件选项卡:在文件名称处单击鼠标右键,选择快捷菜单中"新建"选项
> 命令行窗口:NEW ↙

执行以上任意一种操作后,系统打开"选择样板"对话框,从文件列表中选择需要的样板,然后单击"打开"按钮,即可创建新的图形文件。

在打开图形时还可以选择不同的计量标准,单击"打开"按钮右侧的下拉按钮,弹出其下拉列表,若选择"无样板打开-英制"选项,则以英制单位为计量标准绘制图形,若选择"无样板打开-公制"选项,则以公制单位为计量标准绘制图形,如图 1-18 所示。

图 1-18　"选择样板"对话框

提示、注意、技巧

在 AutoCAD 2021 中系统变量 startup＝0(默认值)，执行创建新图形文件的操作时，直接进入图 1-18 所示的"选择样板"对话框。要改变这种情况，在命令行窗口输入 startup，并将其值改为 1，即可打开"创建新图形"对话框，如图 1-19 所示。在此可采用传统的"从草图开始"、"使用样板"及"使用向导"三种方式来建立新文件。由于此方法方便图形单位、图形区域等内容的设定，所以应用比较广泛。

图 1-19　"创建新图形"对话框

二、打开图形文件

启动 AutoCAD 2021 后，可以通过以下方法打开已有的图形文件：

菜单浏览器：[打开][图形]
下拉菜单：[文件][打开]
"快速访问"工具栏："打开"按钮
文件选项卡：在文件名称处单击鼠标右键，选择快捷菜单中"打开"选项
命令行窗口：OPEN↙

执行以上任意一种操作后，系统会打开"选择文件"对话框，如图 1-20 所示。在该对话框的"查找范围"下拉列表中选择要打开的图形文件夹，选择图形文件，然后单击"打开"按钮或者双击文件名，即可打开图形文件。在该对话框中也可以单击"打开"按钮右侧的下拉按钮，在弹出的下拉列表中选择使用所需的方式来打开图形文件。

AutoCAD 2021 支持同时打开多个文件，利用这种多文档特性，用户可以在打开的图形之间进行切换，也可以在图形之间复制、粘贴或从一个图形向另一个图形移动对象。

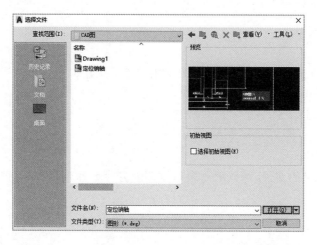

图1-20　"选择文件"对话框

三、保存图形文件

对图形进行绘制或修改后,应及时对图形文件进行保存。可以直接保存,也可以更改名称之后保存为另一个文件。

1. 保存新建的图形

用户可以使用以下方法中的任何一种方法保存新建的图形文件:

```
菜单浏览器:[保存]
下拉菜单:[文件][保存]
快速访问工具栏:"保存"按钮 💾
文件选项卡:在文件名称处单击鼠标右键,选择快捷菜单中"保存"选项
命令行窗口:QSAVE↙
```

执行以上任意一种操作后,系统打开"图形另存为"对话框,如图1-21所示。

图1-21　"图形另存为"对话框

在"保存于"下拉列表中指定文件保存的文件夹,在"文件名"文本框中输入图形文件的名称,在"文件类型"下拉列表中选择保存文件的类型,最后单击"保存"按钮。

提示、注意、技巧

对于已经保存过的文件,再次执行"保存"命令时不会弹出"图形另存为"对话框,会自动覆盖原来文件。

2. 图形换名保存

对于已经保存过的文件,可以更改名称保存为另一个图形文件。可通过下列方式实施换名保存:

> 菜单浏览器:[另存为]
> 下拉菜单:[文件][另存为]
> 快速访问工具栏:"另存为"按钮 ▣
> 文件选项卡:在文件名称处单击鼠标右键,选择快捷菜单中"另存为"选项
> 命令行窗口:SAVE ↙

执行以上任意一种操作后,系统将会打开"图形另存为"对话框,设置需要的名称及其他选项后保存即可。

1.4　设置绘图环境

通常情况下,用户安装了 AutoCAD 2021 后就可以在默认状态下绘制图形。但由于不同计算机所用外部设备不同,或为提高绘图效率等特殊要求,有时需要对绘图环境及系统参数做必要的设置和调整。

用户利用"选项"对话框,可以非常方便地设置系统参数选项。单击"工具"下拉菜单,选择"选项"命令,打开"选项"对话框,如图 1-10 所示。该对话框包括"文件"、"显示"、"打开和保存"、"打印和发布"、"系统"、"用户系统配置"、"绘图"、"三维建模"、"选择集"及"配置"10个选项卡。下面介绍常用的几个选项卡的内容。

1. "显示"选项卡

"显示"选项卡中包括"窗口元素"、"显示精度"、"布局元素"、"显示性能"、"十字光标大小"和"淡入度控制"6个选项组。

(1)"窗口元素"选项组用于设置是否显示绘图区的滚动条、绘图区的背景颜色和命令行窗口中的字体样式等。

(2)"显示精度"选项组用于设置实体的显示精度,如圆和圆弧的平滑度、渲染对象的平滑度等,显示精度越高,对象越光滑,但生成图形时所需时间也越长。

(3)"布局元素"选项组用于设置在图纸空间打印图形时的打印格式。

(4)"显示性能"选项组用于设置光栅图像显示方式、多段线的填充及控制三维实体的轮廓曲线是否以线框形式显示等。

（5）"十字光标大小"选项组用于设置绘图区十字光标的大小，默认为 5，当设为 100 时光标充满屏幕。

（6）"淡入度控制"选项组用于指定在位编辑参照的过程中对象的褪色度值。通过在位编辑参照，可以编辑当前图形中的块参照或外部参照。

2."打开和保存"选项卡

"打开和保存"选项卡用于设置 AutoCAD 图形文件的版本格式、最近打开的文件数目及是否加载外部参照等。用户可在该选项卡的"文件安全措施"选项组中设置自动存盘的时间间隔，以避免由于断电、死机等原因造成绘图数据的丢失。

3."用户系统配置"选项卡

用户可以使用"用户系统配置"选项卡优化 AutoCAD 的工作方式。

（1）"Windows 标准操作"选项组：用户可以单击鼠标右键进行定义，单击"自定义右键单击"按钮，在"命令模式"选项组中选择"确认"单选项，以保证在执行命令时通过单击鼠标右键直接结束命令。

（2）"默认比例列表"按钮用于设置各种常用绘图比例，以利于图形输出操作。

4."绘图"选项卡

在"绘图"选项卡中，用户可以设置对象自动捕捉、自动追踪功能及自动捕捉标记大小和靶框大小。

（1）"自动捕捉设置"选项组：

①标记：用于在绘图时以规定的样式显示各捕捉特征。

②磁吸：捕捉框在捕捉目标点附近，指针会自动产生磁吸现象，快速完成准确捕捉。

（2）"自动捕捉标记大小"选项组：用于定义自动捕捉框的大小，避免在绘制比较小的图形时而使用较大的捕捉框造成的混乱。

（3）"AutoTrack（自动追踪）设置"选项组：用于显示极轴追踪矢量、全屏追踪矢量和自动追踪工具提示。

（4）"靶框大小"选项组：靶框即执行绘图命令后十字光标上的小方框，显示的条件是勾选"显示自动捕捉靶框"复选框，其大小可用游标调节。

5."三维建模"选项卡

"三维建模"选项卡用于设置三维十字光标、动态输入、三维对象和三维导航等功能。

6."选择集"选项卡

"选择集"选项卡用于设置选择集模式、是否使用夹点编辑功能、编辑命令的拾取框和夹点大小。

提示、注意、技巧

只有有经验的用户才可以修改系统的环境参数，否则修改后可能造成 AutoCAD 的某些功能无法正常使用。

1.5　退出 AutoCAD 2021

操作完成之后,用户可通过以下几种方法来退出 AutoCAD2021:

> 菜单浏览器:[关闭]或"退出 Autodesk AutoCAD 2021"按钮
> 下拉菜单:[文件][退出]
> AutoCAD 主窗口:右上角的"关闭"按钮 ✖
> 命令行窗口:QUIT ↙

如果退出 AutoCAD 时当前的图形文件没有被保存,则系统将弹出"保存提示"对话框,提示用户在退出 AutoCAD 前保存或放弃对图形所做的修改。

习　题

一、选择题

1. 在"选项"对话框的哪个选项卡下可以设置十字光标的大小(　　)。

A. 选择集　　　　　B. 系统　　　　　C. 显示　　　　　D. 打开和保存

2. 在 AutoCAD 2021 中,标题栏位于工作界面的最上方,下面哪一项不属于标题栏内容(　　)。

A. 软件名称　　　　B. 文件名称　　　　C. 坐标系图标　　　D. 窗口控制按钮

二、填空题

1. _____是记录了 AutoCAD 历史命令的窗口,是一个独立的窗口。

2. AutoCAD 2021 为用户提供了_____、_____和三维建模三个可供选用的空间界面。

三、操作题

1. 打开一图形文件,把它另存为 test1.dwg。

2. 在 AutoCAD 2021 中将系统参数 startup 设置为 0 或 1,进行启动操作尝试。

单元2
基本操作

学习要点

本单元主要介绍 AutoCAD 命令的基本操作方法、绘图辅助功能的使用、编辑图形时选择对象的方法等内容。通过学习本单元,学生应掌握命令的输入方式、对象捕捉和对象选择的方法,为准确绘制图形做准备。

素养提升

增强学生的民族自豪感和自信心,展示机械大国的风采,激励学生自强不息,勇于探索。

思政微课堂

2.1 鼠标与键盘

一、鼠标

鼠标的用法见表 2-1。

表 2-1 　　　　　　　　　　　鼠标的用法

按键	左键(拾取键)	右键(确认键)	滚轮
功能	①选择对象 ②选择下拉菜单或功能区面板上的命令 ③确认输入点	①弹出快捷菜单,可选择需要的选项 ②在执行编辑命令时,选择对象后右击,可结束对象选择	①转动滚轮,可实时缩放 ②按住滚轮并拖动鼠标,可实时平移 ③双击滚轮,可实时显示全部图形

二、键盘

键盘的用法见表 2-2。

表 2-2   键盘的用法

按键	空格键	Enter 键	Esc 键
功能	①结束数据的输入或确认默认值 ②除输入"单行文字"之外,可结束命令 ③重复上条命令	①与空格键相同 ②输入"单行文字"时,按两次可结束命令	取消当前命令

2.2   AutoCAD 命令

在 AutoCAD 系统中,所有功能都是通过命令执行来实现的。熟练地使用 AutoCAD 命令,有助于提高绘图的效率和精度。AutoCAD 2021 提供了命令行窗口、功能区面板及下拉菜单等多种命令输入方式,用户可以利用键盘、鼠标等输入设备以不同方式输入命令。

一、命令的输入方式

1. 命令行窗口

命令行窗口位于 AutoCAD 绘图窗口的底部,命令行窗口可以通过"Ctrl＋9"组合键来打开或关闭。用户利用键盘输入命令,命令选项及相关信息都显示在该窗口中。在命令行窗口出现"键入命令:"提示符后,利用键盘输入 AutoCAD 命令,并回车确认,该命令立即被执行。

例如,要输入"直线"(LINE)命令,操作如下:

命令:LINE(或 L)↙

AutoCAD 采取"实时交互"的命令执行方式,在绘图或图形编辑操作过程中,用户应特别注意动态提示或命令行窗口中显示的文字,这些信息记录了 AutoCAD 与用户的交流过程。

2. 功能区面板

移动鼠标,将其移至功能区面板上的相应按钮,单击鼠标左键,相应的命令立即被执行。此时在命令行窗口会显示相应的命令及命令提示。

例如,用鼠标选择"默认"选项卡"绘图"面板中的"直线"按钮，则执行"直线"命令。

3. 下拉菜单

移动鼠标,将其移至下拉菜单中的相应选项,单击鼠标左键,相应的命令立即被执行。此时在命令行窗口会显示相应的命令及命令提示。

例如,选择下拉菜单[绘图][直线]选项,执行"直线"命令。

二、命令的重复、终止、放弃与重做

在 AutoCAD 中,用户可以方便地重复执行同一条命令,终止正在执行的命令或撤销前

面执行的一条或多条命令。此外,撤销前面执行的命令后,还可以通过"重做"来恢复。

1. 重复命令

(1)重复刚刚执行过的命令

当执行完一条命令后,还想再次执行该条命令,直接按一下 空格 键或 Enter 键,就可重复执行这个命令;或者单击鼠标右键,在弹出的快捷菜单中选择"重复"选项,如刚刚绘制完成一个圆,单击鼠标右键,选择"重复"选项,则又调用"圆"命令。

(2)重复最近执行过的命令

在绘图区中单击鼠标右键,弹出快捷菜单,在"最近的输入"子菜单中列出最近使用过的命令,从中选择要重复执行的命令。

如果在命令行窗口单击鼠标右键,弹出快捷菜单,将鼠标放在"最近使用的命令"选项上,打开其子菜单,选择最近使用过的六个命令之一。

2. 终止命令

终止命令有下面三种方法:

(1)在命令执行过程中,用户调用另一条非透明命令,将自动终止正在执行的命令。

(2)在命令执行过程中,按 Esc 键终止命令的执行。

(3)单击鼠标右键,选择"取消"选项也可终止命令。

3. 撤销命令

撤销前面的操作,可以使用下面几种方法之一:

(1)在命令行窗口输入"U",每执行一次就撤销一次操作。

(2)单击"快速访问"工具栏上的"放弃"按钮 ,单击一次撤销一次操作,如果单击其后面的下拉按钮,可以执行多次撤销操作。

(3)使用快捷键"Ctrl+Z"。

(4)在命令行窗口输入"UNDO"命令,然后再输入要放弃的命令的数目,可一次撤销前面输入的多个命令。

(5)单击"编辑"下拉菜单中的"放弃"选项,每执行一次就撤销一次操作。

4. 重做命令

由于命令的执行是依次进行的,所以当返回到以前的某一操作时,在这一过程中的所有操作都将被取消。如果要恢复撤销的最后一个命令,可以使用"REDO"命令,也可单击"快速访问"工具栏上的"重做"按钮 ,单击一次恢复一次操作,如果单击其后面的下拉按钮可以恢复多次操作。

2.3 图形对象的选择

在对图形进行编辑操作时首先要确定编辑的对象,即在图形中选择若干图形对象构成选择集。输入一个图形编辑命令后,命令行出现"选择对象:"提示,这时可根据需要反复多

次地进行选择,直至回车结束选择,转入下一步操作。为了提高选择的
速度和准确性,AutoCAD 提供了多种选择对象的方式,常用的选择方式
有以下几种:

图形对象的选择

1. 直接选择对象

这是默认的选择对象方式,此时光标变为一个小方框(称拾取框),
当光标在对象上滑过时,对象加粗高亮显示,此时单击鼠标左键,则该对
象被选中。重复上述操作,可依次选取多个对象。被选中的图形对象以蓝色显示,以区别其
他图形。利用该方式每次只能选取一个对象,且在图形密集的地方选取对象时,往往容易选
错或多选。

2. 窗口(W)方式和交叉窗口(C)方式

窗口(W)方式:当命令行窗口提示"选择对象:"时,如果在空白处单击鼠标左键,向右下
或右上移动光标,给定一个矩形窗口的选择方式,此时选择框为实线,内部背景为蓝色填充,
在合适位置单击鼠标左键,所有部分均位于这个矩形窗口内的图形对象被选中。如图 2-1
所示,先给出窗口的左下角点 1(也可以是左上角点),再给出窗口的右上角点 2(也可以是右
下角点),只有位于这个矩形窗口内的圆被选中。

(a)   (b)

图 2-1　窗口方式

交叉窗口(C)方式:当命令行窗口提示"选择对象:"时,如果在空白处单击鼠标左键,向
左下或左上移动光标,给定一个矩形窗口的选择方式,此时选择框为虚线,内部背景为绿色
填充,在合适位置单击鼠标左键,所有位于这个矩形窗口内或者与窗口边界相交的对象都将
被选中。如图 2-2 所示,先给出窗口的右下角点 1(也可以是右上角点),再给出窗口的左上
角点 2(也可以是左下角点),位于这个矩形窗口内的圆及与之相交的矩形和直线均被选中。

(a)   (b)

图 2-2　交叉窗口方式

3. 多边形窗口(WP)方式和交叉多边形窗口(CP)方式

多边形窗口(WP)方式:当命令行窗口提示"选择对象:"时,键入"WP"后回车,用多边
形窗口方式选择对象,完全包含在多边形窗口中的图形被选中。

交叉多边形窗口(CP)方式:当命令行窗口提示"选择对象:"时,键入"CP"后回车,用交
叉多边形窗口方式选择对象,所有位于多边形窗口之内或者与窗口边界相交的对象都将被

选中。

4.全部(ALL)方式

当命令行窗口提示"选择对象:"时,键入"ALL"后回车,选取屏幕上全部图形对象。

5.删除(R)方式与添加(A)方式

当命令行窗口提示"选择对象:"时,键入"R"后回车,进入删除方式。在删除方式下可以从当前选择集中移出已选取的对象。在删除方式提示下,键入"A"后回车,则可继续向选择集中添加图形对象。

6.前一个(P)方式

当命令行窗口提示"选择对象:"时,键入"P"后回车,将最近的一个选择集设置为当前选择集。

7.栏选(F)方式

当命令行窗口提示"选择对象:"时,键入"F"后回车,进入栏选方式,此时光标为"十"字形,绘制一条虚线,与虚线相交的元素全部被选上,如图 2-3 所示。

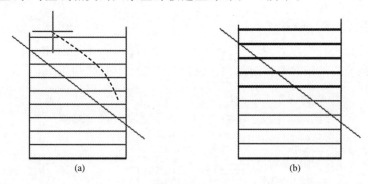

(a)　　　　　　　　　　　　(b)

图 2-3　栏选方式

8.放弃(U)方式

当命令行窗口提示"选择对象:"时,键入"U"后回车,取消最后的选择对象操作。

以上只是几种常用的选择对象方式,若要了解所有选择对象方式,则可在命令行窗口提示"选择对象:"时,输入"?"后回车,系统将显示如下提示信息:

＊无效选择＊

需要点或窗口(W)/上一个(L)/窗交(C)/框(BOX)/全部(ALL)/栏选(F)/圈围(WP)/圈交(CP)/编组(G)/添加(A)/删除(R)/多个(M)/前一个(P)/放弃(U)/自动(AU)/单个(SI)/子对象(SU)/对象(O):

根据提示,用户可选取相应的选择对象方式。

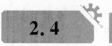

2.4　辅助功能

在 AutoCAD 中,用户不仅可以通过输入点的坐标绘制图形,而且可以使用系统提供的"栅格"、"捕捉"、"正交"、"极轴追踪"、"对象捕捉"和"对象捕捉追踪"等功能,快速、精确地绘制图形。

一、"捕捉"与"栅格"方式

当状态栏上的"捕捉模式"按钮选中时,此时屏幕上的光标呈跳跃式移动,并总是被"吸附"在屏幕上的某些固定点上。如果此时"栅格"功能也启动了,光标会捕捉在屏幕的栅格点上,如图2-4所示。

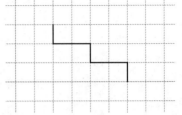

"栅格"和"捕捉"功能一般同时使用,可绘制比较规整的图形,如楼梯、棋盘等。捕捉间距与栅格间距可以设置为不同值,一般设置为相同的值。设置捕捉间距和栅格间距的方法如下:

图2-4　启动"栅格"和"捕捉"功能绘制图形

> 状态栏:在"栅格"或"捕捉模式"按钮上单击鼠标右键,选择"网格设置"或"捕捉设置"选项
>
> 下拉菜单:[工具][绘图设置]

执行上述任意一种操作后,系统会弹出图2-5所示的"草图设置"对话框,在该对话框中可以设置不同的捕捉间距和栅格间距。建议初学者关闭"捕捉"功能。

图2-5　"草图设置"对话框

二、"正交"功能

选中状态栏上的"正交模式"按钮,启动"正交"功能,此时如果是绘制"直线"命令状态,屏幕上的光标只能水平或竖直移动,绘制水平或竖直线。这种方式为绘制水平线和竖直线提供了方便。按 F8 键可快速启动和关闭"正交"功能。

三、"极轴追踪"功能

使用"极轴追踪"功能,用户可以方便快捷地绘制与坐标轴呈一定角度的直线。例如,要绘制一条与 X 轴正向呈 30°角的直线,可以用鼠标右键单击状态栏上的"极轴追踪"按钮(或单击该按钮后面的下拉按钮),会弹出"极轴追踪"快捷菜单,选择其中包含"30"的选项,如图 2-6(a)所示,或者选择"正在追踪设置"选项,打开"草图设置"对话框,在"极轴追踪"选项卡中,设置增量角为 30°,然后单击"确定"按钮,如图 2-6(b)所示。按 F10 功能键可快速启动和关闭"极轴追踪"功能。

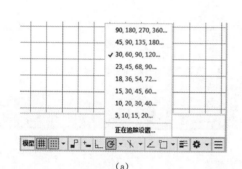
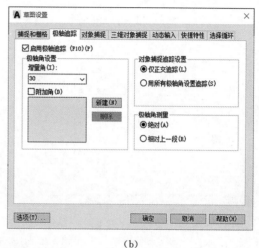

(a)　　　　　　　　　　　　　(b)

图 2-6　"极轴角"的设置

"草图设置"对话框"极轴追踪"选项卡说明:

1.启用了"极轴追踪"功能后,绘制直线时,当鼠标在所设置角度位置附近或其整数倍位置附近时,会出现极轴角度值提示和沿线段方向上的虚线。

2."增量角"下拉列表可用于选择极轴夹角的递增值,当极轴夹角为该值整数倍时,都将显示虚线,作为绘制与坐标轴呈一定角度直线的依据。

3."附加角"复选框:当"增量角"下拉列表中的角不能满足需要时,先选中该复选框,然后通过单击"新建"按钮增加特殊的极轴夹角。

4."极轴角测量"选项组中有两个单选项,一个是"绝对",另一个是"相对上一段",用于测量极轴追踪角的参考基准。选择"绝对"单选项,极轴追踪角以当前用户坐标系为参考基准;选择"相对上一段"单选项,极轴追踪角以最后绘制的对象为参考基准,详见单元 3 中 3.1 节。

四、"对象捕捉"功能

在绘制和编辑图形时,使用"对象捕捉"功能,可捕捉对象上的特殊点,如端点、中点和圆心等。

"对象捕捉"功能有两种使用方式,一种是"自动对象捕捉"方式,另一种是"临时捕捉"方式。

1."自动对象捕捉"方式

可以用鼠标右键单击状态栏上的"对象捕捉"按钮(或单击该按钮后的下拉按钮),会弹出"对象捕捉"快捷菜单,选择所要捕捉的选项,如图 2-7(a)所示。或者选择"对象捕捉设置"选项,打开"草图设置"对话框,在"对象捕捉"选项卡中,设置需要捕捉的点,然后单击"确定"按钮,如图 2-7(b)所示。按 F3 功能键可快速启动和关闭"对象捕捉"功能。

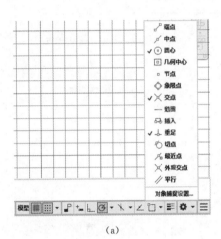
(a)

(b)

图 2-7　"对象捕捉"的设置

2."临时捕捉"方式

所谓"临时捕捉"方式,是指使用一次后不再起作用。临时捕捉方式是通过使用"对象捕捉"快捷菜单来完成的。

当要求用户指定点时,按下 Shift 键或者 Ctrl 键,同时在绘图区任一点单击鼠标右键,打开"对象捕捉"快捷菜单,如图 2-8 所示。利用该快捷菜单用户可以选择相应的对象捕捉模式。其中"点过滤器"选项用于捕捉满足指定坐标条件的点。"两点之间的中点"选项用于捕捉选定的两点的中间点。

图 2-8　"对象捕捉"快捷菜单

五、"对象捕捉追踪"功能

"对象捕捉追踪"功能是利用已有图形对象上的捕捉点来捕捉其他特征点的又一种快捷作图方法。具体使用方法详见单元 3 中 3.2 节。

六、动态输入

当启动或打开"动态输入"功能时,在绘制图形时会给出长度和角度的提示。提示外观可在"草图设置"对话框的"动态输入"选项卡中设置,如图 2-9 所示。

在动态提示输入标注值时按 $\boxed{\text{Tab}}$ 键,表示进入下一个输入。

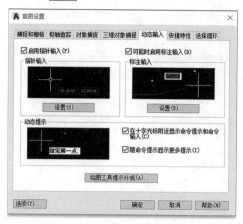

图 2-9 "动态输入"选项卡

七、"线宽"功能

绘图时如果线条有不同的线宽,选中状态栏上的"线宽"按钮(若状态栏上未显示"线宽"按钮,可通过状态栏上的"自定义"按钮,将其显示在状态栏上),就可以在屏幕上显示不同线宽的对象。

2.5 控制图形的显示

用户在绘图的时候,因为受到屏幕大小的限制,以及绘图区域大小的影响,需要频繁地移动绘图区域。这个问题由图形显示控制来解决。

一、视图缩放

按照一定的比例、观察角度与位置显示的图形称之为视图。作为专业的绘图软件,AutoCAD 2021 提供"缩放"命令来完成此项功能。该命令可以对视图进行放大或缩小,而对图形的实际尺寸不产生任何影响。放大时,就像手里拿着放大镜;缩小时,就像站在高处俯视,对设计人员很有用。

可以使用以下方法中的任何一种来激活此项功能:

> 下拉菜单:[视图][缩放](图 2-10)
> 命令行窗口:ZOOM(或 Z)↙
> 快捷菜单:在绘图区单击鼠标右键,选择快捷菜单中"缩放"选项
> 导航栏:其上相应缩放工具(默认情况下,导航栏位于界面右侧)
> 鼠标:见本单元 2.1 节的表 2-1

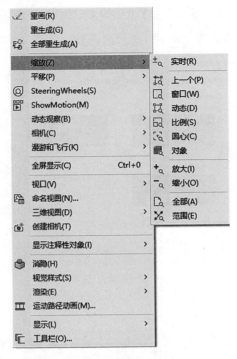

图 2-10　"缩放"子菜单

二、平移

"平移"命令用于移动视图,而不对视图进行缩放。可以使用以下方法中的任何一种来激活此项功能:

> 下拉菜单:[视图][平移]
> 命令行窗口:PAN↙
> 快捷菜单:单击鼠标右键,选择快捷菜单中"平移"选项
> 导航栏:其上相应平移工具
> 鼠标:见本单元2.1节的表2-1

三、重画与重生成

重画与重生成都是重新显示图形,但两者的本质不同。重画仅仅是重新显示图形,而重生成不但重新显示图形,而且将重新生成图形数据,速度上较之前者稍微慢点。可以使用以下方法来激活此功能:

1.重画

> 下拉菜单:[视图][重画]
> 命令行窗口:REDRAW↙

2.重生成

> 下拉菜单:[视图][重生成]
> 命令行窗口:REGEN↙

习　题

一、选择题

1.要重复输入一个命令,可在命令行窗口出现"键入命令:"提示符后,按(　　)。

　　A. F1 键　　　　　　　　　　　B. 空格 键或 Enter 键

　　C.鼠标左键　　　　　　　　　　D. " Ctrl ＋ F1 "组合键

2.在确定选择集时,要选择最后所绘制的图形对象,可采用(　　)选择对象方式。

　　A.默认方式　　　B. "W"方式　　　C. "L"方式　　　D. "P"方式

3.在绘图过程中,按(　　)功能键,可打开或关闭对象捕捉模式。

　　A. F2　　　　　B. F3　　　　　C. F6　　　　　D. F7

4.为了保证整个图形边界在屏幕上可见,应使用哪个缩放选项(　　)。

　　A.全部　　　　　B.上一个　　　　　C.比例　　　　　D.实时

5.取消命令执行的键是(　　)。

　　A. Enter 键　　　B. Esc 键　　　C.鼠标右键　　　D. F1 键

二、判断题

1.缩放(ZOOM)命令只能改变图形在绘图区上的视觉大小和位置,而不改变图形的实际大小和在图纸上的相对位置。

2.在 AutoCAD 中,用 F6 键可打开或关闭栅格捕捉模式。

三、简答题

1.极轴追踪的作用是什么,如何设置极轴角?

2.如何设置对象捕捉模式?同时捕捉的特征点是否越多越好?

单元3
绘制平面图形实例

学习要点

本单元通过绘制一些平面图形,介绍 AutoCAD 常用的绘图与修改命令,绘制平面图形的一般方法、步骤及 AutoCAD 辅助功能的具体应用,使用户能尽快掌握 Auto-CAD 的基本作图方法。

素养提升

从科学家的生平和对人类文明的贡献,学习科学家成功的方法,培养学生知难而进、勇于探索的精神。

思政微课堂

3.1 直线、删除、正交及极轴追踪功能

任务:利用"直线"命令,使用正交、极轴追踪功能绘制如图 3-1 所示图形。

目的:学习利用正交功能绘制水平线和竖直线,利用极轴追踪功能绘制与水平方向呈一定角度的直线。

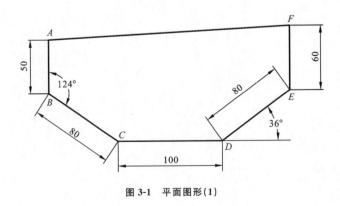

图 3-1 平面图形(1)

微课

直线、删除、正交及极轴追踪功能

绘图步骤分解：

调用"直线"命令

> 功能区面板：＜默认＞＜绘图＞＜直线＞
> 下拉菜单：［绘图］［直线］
> 命令行窗口：LINE(L)↙

AutoCAD 提示：

命令：_line　　　　　　　　　　　　　　//输入"直线"命令

指定第一个点：**单击一点 A**　　　　　//在绘图区内指定起始点 A

指定下一点或［放弃(U)］：**＜正交 开＞50**↙　　//打开正交功能，沿竖直向下给定长度 50

指定下一点或［放弃(U)］：**＜极轴 开＞80**↙（启动极轴追踪功能，打开"草图设置"对话框，设定"增量角"为"56"(180°−124°)，"极轴角测量"选择"相对上一段"，如图 3-2 所示）

　　　　　　　　　　　　　　　　　　//光标向右下移动，出现 56°极轴追踪时输入长度值 80

指定下一点或［闭合(C)/放弃(U)］：**100**↙　　//沿水平向右给定长度 100

指定下一点或［闭合(C)/放弃(U)］：**80**↙（设定极轴角为 36°，此时"极轴角测量"选择"相对上一段"或"绝对"均可，因为 *DE* 与 *X* 轴正向的夹角也是 36°）

　　　　　　　　　　　　　　　　　　//光标向右上移动，出现 36°极轴追踪线时输入长度值 80

指定下一点或［闭合(C)/放弃(U)］：**＜正交 开＞60**↙　//沿竖直向上给定长度 60

指定下一点或［闭合(C)/放弃(U)］：**C**↙　　//闭合

至此，图形绘制完成。

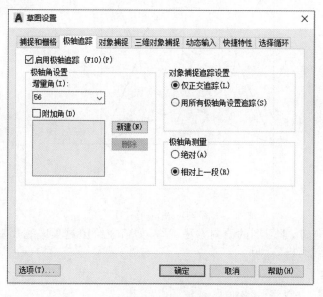

图 3-2　设置极轴角

当绘制的图形需要删除时，可调用"删除"命令删除对象。

功能区面板:<默认><修改><删除>

下拉菜单:[修改][删除]

命令行窗口:ERASE(E)↙

键盘:Delete键

通常,当输入"删除"命令后,用户需要选择要删除的对象,然后按 Enter 键或 空格 键结束对象选择,同时删除已选择的对象。

提示、注意、技巧

1.正交模式和极轴追踪模式不能同时打开,如果打开了正交模式,极轴追踪模式将被自动关闭,反之,如果打开了极轴追踪模式,正交模式将被关闭。

2.设定的极轴角可以是正值,也可以是负值。

3."极轴角测量"如果选择"绝对",则绘制直线所形成的角是指直线与 X 轴正向的夹角。

3.2   圆、镜像、对象捕捉及对象捕捉追踪功能

任务:利用"直线"和"圆"命令,使用对象捕捉和对象捕捉追踪功能绘制图 3-3 所示的图形。

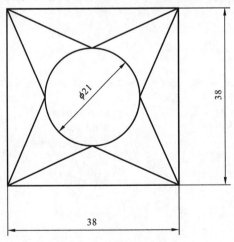

微课

圆、镜像、对象捕捉
及对象捕捉追踪功能

图 3-3   平面图形(2)

目的:通过此任务,学习圆的绘制方法;学习如何在绘图过程中利用对象捕捉及对象捕捉追踪功能进行特征点的捕捉。

绘图步骤分解:

1. 启动对象捕捉和对象捕捉追踪功能

下拉菜单:[工具][绘图设置]

状态栏:右击"捕捉模式"按钮,选择快捷菜单中"捕捉设置"选项

打开"草图设置"对话框,在"对象捕捉"选项卡中,勾选"启用对象捕捉"和"启用对象捕捉追踪"复选框,在"对象捕捉模式"选项组中选中"端点"、"中点"和"象限点"三个复选框。然后单击"确定"按钮。"对象捕捉"和"对象捕捉追踪"功能均打开。

2.绘制正方形

利用直线命令及正交功能,绘制边长38的正方形。

3.绘制圆

输入"圆"命令

功能区面板:<默认> <绘图> <圆>
下拉菜单:[绘图][圆]
命令行窗口:CIRCLE(或 C)↙

AutoCAD 提示:

命令:_circle

指定圆的圆心或 [三点(3P)/两点(2P)/切点、切点、半径(T)]:**单击**

　　　　　　　　　　　　//光标在正方形左边中点划过出现中点标记
　　　　　　　　　　　　　后,移动至上边中点处出现标记后向下移
　　　　　　　　　　　　　动,出现图 3-4(a)所示的追踪标记后单击确
　　　　　　　　　　　　　定圆心

指定圆的半径或 [直径(D)] <18.8560>:**D**↙

　　　　　　　　　　　　//系统默认值是输入圆的半径,如果要输入直
　　　　　　　　　　　　　径,需要输入字母"D"

指定圆的直径 <37.7121>:**21**↙　　//此时系统默认值是< >中数字,输入圆的
　　　　　　　　　　　　　直径 21,结果如图 3-4(b)所示

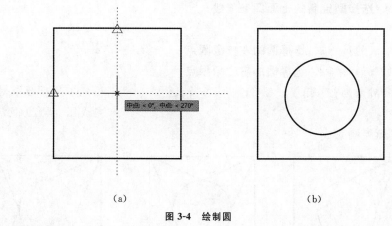

（a）　　　　　　　　　　　　　　（b）

图 3-4　绘制圆

4.绘制其余直线

(1)绘制左上角两直线

命令:**LINE**↙

指定第一个点:**单击**　　　　　　//捕捉正方形的一个角点,如左上角

指定下一点或 [放弃(U)]:**单击**　　//捕捉圆的一个象限点

指定下一点或 [放弃(U)]:↙　　　//结束直线绘制

命令：↙　　　　　　　　　　　　　　//再回车重新输入"直线"命令

命令：LINE

指定第一个点：**单击**　　　　　　　//捕捉正方形的左上角

指定下一点或［放弃(U)］：**单击**　　//捕捉圆的另一个象限点

指定下一点或［放弃(U)］：↙　　　　//结束直线绘制，完成图 3-5(a)的绘制

(2)绘制右上角两直线

输入"镜像"命令：

功能区面板：＜默认＞ ＜修改＞ ＜镜像＞
下拉菜单：［修改］［镜像］
命令行窗口：MIRROR(或 MI) ↙

命令：_mirror

选择对象：**选择刚绘制的一条直线**

选择对象：**选择刚绘制的另一条直线**

选择对象：↙　　　　　　　　　　　//确定不再选择对象时回车

指定镜像线的第一点：**选择圆的上方象限点**

指定镜像线的第二点：**选择圆的下方象限点**　//以此两点连线为镜像线

要删除源对象吗？［是(Y)/否(N)］＜否＞：↙　//确定不删除原来对象时回车，
　　　　　　　　　　　　　　　　　　　　　　完成图 3-5(b)的绘制

(3)绘制下面四条直线

命令：↙　　　　　　　　　　　　　　//再回车重新输入镜像命令

命令：MIRROR

选择对象：**选择刚绘制的上面四条斜线**

选择对象：↙　　　　　　　　　　　//确定不再选择对象时回车

指定镜像线的第一点：**选择圆的左方象限点**

指定镜像线的第二点：**选择圆的右方象限点**

要删除源对象吗？［是(Y)/否(N)］＜否＞：↙　//确定不删除原来对象时回车，
　　　　　　　　　　　　　　　　　　　　　　完成图 3-5(c)的绘制

至此，图形绘制完成。

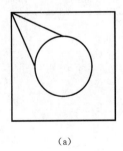　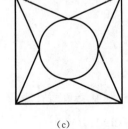

(a)　　　　　　　　(b)　　　　　　　　(c)

图 3-5　绘制直线

补充知识 ➤➤➤

绘制圆的补充知识

1.绘制圆的方式

在"绘图"菜单下的"圆"子菜单中有六种圆的绘制方式,如图 3-6 所示。

2.命令选项

执行"圆"命令时,AutoCAD 提示:

指定圆的圆心或[三点(3P)/两点(2P)/切点、切点、半径 (T)]:

命令选项含义说明如下:

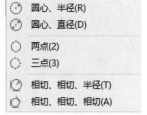

○ 圆心、半径(R)
○ 圆心、直径(D)
○ 两点(2)
○ 三点(3)
○ 相切、相切、半径(T)
○ 相切、相切、相切(A)

图 3-6 圆的六种绘制方式

(1)两点(2P):指定两点作为圆的一条直径上的两点画圆。

(2)三点(3P):指定圆周上三点画圆。

(3)切点、切点、半径(T):圆的半径为已知,绘制一个与两对象相切的圆。有时会有多个圆符合指定的条件。AutoCAD 以指定的半径绘制圆,其切点与选定点的距离最近。

图 3-7 给出了 6 种画圆示例。

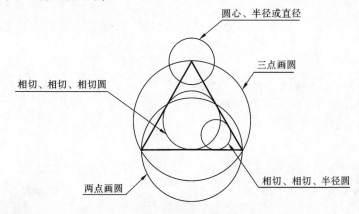

图 3-7 绘制圆的方式

提示、注意、技巧 ➤

1.对象捕捉追踪与极轴追踪最大的不同在于:对象捕捉追踪需要在图样中有可以捕捉的对象,而极轴追踪没有这个要求。

2.当绘制圆时,当圆切于直线时,不一定和直线有明显的切点,可以是直线延长后的切点。

3.执行"镜像"命令时还可以选择删除源对象,由已知条件确定不同的选项。

3.3　点、圆弧、复制、延伸及临时捕捉

任务：绘制如图 3-8 所示图形。

目的：通过此任务，学习绘制点、圆弧的方法；学习复制对象、延伸及临时捕捉特征点的方法。

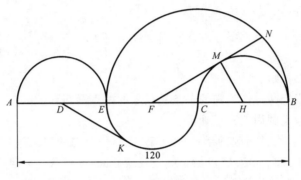

图 3-8　平面图形(3)

微课

点、圆弧、复制、
延伸及临时捕捉

绘图步骤分解：

1.绘制长度是 120 的直线 *AB*

2.将直线 *AB* 六等分

> 功能区面板：<默认> <绘图> <定数等分>
>
> 下拉菜单：[绘图][点][定数等分]
>
> 命令行窗口：DIVIDE↙

AutoCAD 提示：

选择要定数等分的对象：**单击直线 *AB*** 　　　　　　//选择目标

输入线段数目或[块(B)]：**6**↙ 　　　　　　　　　//等分线段数为 6

3.变换点的样式

> 下拉菜单：[格式][点样式]

执行上述操作后，系统打开"点样式"对话框，如图 3-9(a)所示，选择除第一、第二种以外任何一种即可。本任务选择第五种样式后，直线 *AB* 变成如图 3-9(b)所示，直观地显示出点等分直线的情况。

4.绘制左段圆弧

利用"圆弧"命令绘制左段圆弧。

> 功能区面板：<默认> <绘图> <圆弧>
>
> 下拉菜单：[绘图][圆弧]
>
> 命令行窗口：ARC(A)↙

启动"圆弧"命令后，AutoCAD 提示：

命令：_arc

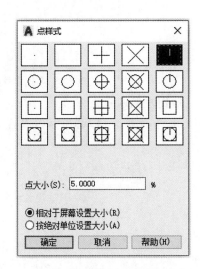

(a) "点样式"对话框   (b) 显示点的样式

图 3-9 利用点进行定数等分

指定圆弧的起点或［圆心(C)］：＜对象捕捉 开＞ 捕捉 **A** 点

　　　　　　　　　　　　　　　　　　　//A 点作为圆弧的起点

指定圆弧的第二个点或［圆心(C)/端点(E)］：**C↙** //由于第二点未知，故可选择"圆
　　　　　　　　　　　　　　　　　　　　心(C)"或"端点(E)"方式，本任
　　　　　　　　　　　　　　　　　　　　务选择"圆心(C)"方式

指定圆弧的圆心：**捕捉直线 AB 上 D 点(节点捕捉)** //D 点为所绘圆弧的圆心

指定圆弧的端点(按住 Ctrl 键以切换方向)或［角度(A)/弦长(L)］：**按住 Ctrl 键以切
换方向，捕捉 E 点**

　　　　　　　//由于系统默认圆弧为逆时针方向绘制，若直接选端点，圆弧方向与已
　　　　　　　知不符，此时按住 Ctrl 键，圆弧变为顺时针方向绘制。或选择"角度
　　　　　　　(A)"选项，指定包含角为"−180"

5.绘制下段圆弧

命令:↙

命令:ARC

指定圆弧的起点或［圆心(C)］：**C↙**

指定圆弧的圆心：**捕捉直线 AB 上 F 点** //F 点为所绘圆弧的圆心

指定圆弧的起点：**捕捉直线 AB 上 E 点** //E 点为所绘圆弧的起点

指定圆弧的端点(按住 Ctrl 键以切换方向)或［角度(A)/弦长(L)］：**捕捉直线 AB 上
C 点**

6.绘制右段小圆弧

右段小圆弧与左段圆弧大小相同，可利用"复制"命令绘制。

功能区面板:＜默认＞ ＜修改＞ ＜复制＞
下拉菜单:［修改］［复制］
命令行窗口:COPY(CO) ↙

启动"复制"命令，AutoCAD提示：

命令：_copy

选择对象：**选择左侧圆弧**

选择对象：↙   // 确定不再选择对象时回车

指定基点或［位移(D)/模式(O)］＜位移＞：**捕捉左侧圆弧上 E 点**

指定第二个点或［阵列(A)］＜使用第一个点作为位移＞：**移动光标到 B 点，单击左键确定**

指定第二个点或［阵列(A)/退出(E)/放弃(U)］＜退出＞：↙

7. 绘制大圆弧

按前面绘制圆弧方法绘制大圆弧 $\overarc{EB}$。

8. 绘制直线 DK

命令：**LINE**↙

指定第一个点：**捕捉直线 AB 上 D 点**

指定下一点或［放弃(U)］：**按下 Shift 键，单击鼠标右键，在快捷菜单中选择"切点"选项 _tan 到 在下面圆弧上出现切点标记后单击**   // 绘制出与圆弧相切的 DK 直线

指定下一点或［放弃(U)］：↙

9. 绘制直线 FN

与绘制直线 DK 方法相同，捕捉节点与切点绘制出直线 FM。延伸 FM 与大圆弧相交于点 N。

启动"延伸"命令：

> 功能区面板：＜默认＞＜修改＞＜延伸＞
> 下拉菜单：［修改］［延伸］
> 命令行窗口：EXTEND(EX) ↙

AutoCAD提示：

命令：_extend

选择要延伸的对象，或按住 Shift 键选择要修剪的对象或［边界边(B)/窗交(C)/模式(O)/投影(P)］：**单击直线 FM 的右上方**

// 直线由 FM 向上延伸与圆弧交于 N 点

10. 绘制直线 HM

利用捕捉"节点"与临时捕捉"垂足"绘制出直线 HM。

11. 删除 D、E、F、C、H 各点

方法1：将上述各点选上，删除。

方法2：将点样式恢复到原来的样式。

至此，图形绘制完成。

补充知识 ＞＞＞

1. 有关点的补充知识

(1)点除了可以用于等分线段，还可用于等分圆弧、圆、椭圆、椭圆弧、多段线和样条曲

线。如图 3-10 所示为等分圆弧的情况。

(2)点除了可以用于定数等分,还可以对直线或圆弧等进行定距等分,如图 3-11 所示。

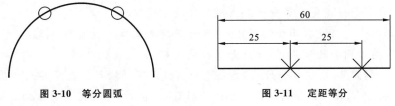

图 3-10 等分圆弧   图 3-11 定距等分

方法与步骤如下:

功能区面板:<默认><绘图><定距等分>
下拉菜单:[绘图][点][定距等分]
命令行窗口:**MEASURE** ↙

启动"定距等分"命令后,AutoCAD 提示:

选择要定距等分的对象:**选择图中长为 60 的线段**　　∥选择目标,要单击线段的左端
指定线段的长度:**25**↙　　　　　　　　　　　　　　　∥等距线段长为 25

2.有关圆弧的补充知识

在"绘图"菜单的"圆弧"子菜单中有 11 种圆弧的绘制方式,如图 3-12 所示,用户可以根据图形要求选择不同的方式绘制圆弧。

图 3-12 绘制圆弧的方式

3.有关"复制"命令的补充知识

利用"复制"命令可一次复制多个选择集,如图形 3-13 所示。

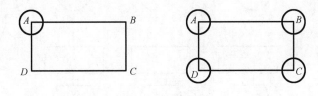

图 3-13 重复复制对象

提示、注意、技巧

1.定距等分或定数等分的起点随对象类型变化。

(1)对于直线或非闭合的多段线,起点是距离选择点最近的端点。

(2)对于闭合的多段线,起点是多段线的起点。

2.绘制圆弧时,在命令行的"指定包角:"提示下所输入的角度的正负将影响圆弧的绘制方向,输入正值为逆时针方向绘制圆弧,输入负值为顺时针方向绘制圆弧。

3.4　矩形、椭圆、分解、偏移及修剪

任务:绘制如图 3-14 所示图形。

目的:通过绘制此图形,学习"矩形""椭圆""分解""偏移""修剪"命令及其应用。

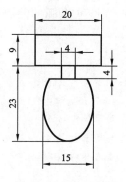

微课

矩形、椭圆、分解、
偏移及修剪

图 3-14　平面图形(4)

绘图步骤分解:

图形的绘制过程如图 3-15 所示。

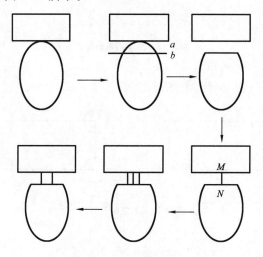

图 3-15　图形的绘制过程

1. 绘制矩形

> 功能区面板：＜默认＞＜绘图＞＜矩形＞
> 下拉菜单：[绘图][矩形]
> 命令行窗口：RECTANG（REC）↙

AutoCAD 提示：

命令：_rectang
指定第一个角点或[倒角（C）/标高（E）/圆角（F）/厚度（T）/宽度（W）]：**在绘图区内单击一点**　　　　　　　　　　　　　　//指定矩形的左下角点
指定另一个角点或[面积（A）/尺寸（D）/旋转（R）]：**D**↙　//选择"尺寸（D）"选项
指定矩形的长度＜10.0000＞：**20**↙　　　　　//输入矩形长度方向的尺寸
指定矩形的宽度＜10.0000＞：**9**↙　　　　　//输入矩形宽度方向的尺寸
指定另一个角点或[面积（A）/尺寸（D）/旋转（R）]：**在绘图区内单击一点**
　　　　　　　　　　　　　　　　　　　//指定矩形的右上角点

2. 绘制椭圆

> 功能区面板：＜默认＞＜绘图＞＜椭圆＞＜轴、端点＞
> 下拉菜单：[绘图][椭圆][轴、端点]
> 命令行窗口：ELLIPSE（EL）↙

AutoCAD 提示：

命令：_ellipse
指定椭圆的轴端点或[圆弧（A）/中心点（C）]：**单击矩形底边的中点**
　　　　　　　　　　　　　　　　//此点为椭圆长轴的一个端点
指定轴的另一个端点：＜正交 开＞**23**↙　　//将正交模式打开，光标向下
　　　　　　　　　　　　　　　　拖动，输入长轴值23
指定另一条半轴长度或[旋转（R）]：**7.5**↙　//将光标拖向左方或右方，输
　　　　　　　　　　　　　　　　入短半轴的长度值7.5

3. 将矩形分解

系统将所绘制的矩形作为一个整体来处理，要想修改其中某个元素，应先对矩形进行分解。

> 功能区面板：＜默认＞＜修改＞＜分解＞
> 下拉菜单：[修改][分解]
> 命令行窗口：EXPLODE↙

AutoCAD 提示：

命令：_explode
选择对象：**选择矩形**　　　　　　　　　//选择要分解的图形
选择对象：↙　　　　　　　　　　　//回车结束对象的选择
矩形被分解为四条直线。

4. 利用"偏移"命令绘制直线

> 功能区面板：＜默认＞ ＜修改＞ ＜偏移＞
> 下拉菜单：[修改][偏移]
> 命令行窗口：OFFSET(O)↙

AutoCAD 提示：

命令：_offset

指定偏移距离或 [通过(T)/删除(E)/图层(L)]＜1.0000＞：**4**↙

　　　　　　　　　　　　　　　 // 输入两直线的距离

选择要偏移的对象，或 [退出(E)/放弃(U)]＜退出＞：**选择矩形的下边直线 a**

　　　　　　　　　　　　　　　 // 选择用来作为平移的已知
　　　　　　　　　　　　　　　 直线

指定要偏移的那一侧上的点，或 [退出(E)/多个(M)/放弃(U)]＜退出＞：**将光标移到
直线 a 的下方单击左键**

　　　　　　　　　　　　　　　 // 确定直线偏移的方向

选择要偏移的对象，或 [退出(E)/放弃(U)]＜退出＞：↙　 // 回车结束"偏移"命令

5. 利用"修剪"命令修剪直线与圆弧

> 功能区面板：＜默认＞ ＜修改＞ ＜修剪＞
> 下拉菜单：[修改][修剪]
> 命令行窗口：TRIM(TR)↙

AutoCAD 提示：

命令：_trim

当前设置：投影＝UCS，边＝无，模式＝快速

选择要修剪的对象，或按住 Shift 键选择要延伸的对象或[剪切边(T)/窗交(C)/模式
(O)/投影(P)/删除(R)]：**单击"剪切边(T)"选项**　 // 选择"剪切边(T)"选项

选择剪切边…　　　　　　　　　　　　　　 // 提示以下的选择为选择剪
　　　　　　　　　　　　　　　　　　　　 切边

选择对象或 ＜全部选择＞：**单击直线 b**　找到 1 个　 // 直线 b 作为修剪边界

选择对象：**单击椭圆**　找到 1 个，总计 2 个　　 // 椭圆作为修剪边界

选择对象：↙　　　　　　　　　　　　　　 // 回车结束修剪边界的选择

选择要修剪的对象，或按住 Shift 键选择要延伸的对象或[剪切边(T)/窗交(C)/模式
(O)/投影(P)/删除(R)]：**选择直线与椭圆被剪部分**

选择要修剪的对象，或按住 Shift 键选择要延伸的对象或[剪切边(T)/窗交(C)/模式
(O)/投影(P)/删除(R)]：↙

　　　　　　　　　　　　　　　 // 回车结束"修剪"命令

6. 绘制直线 *MN*

利用"直线"命令绘制直线 *MN*。

7. 绘制与直线 *MN* 距离相等的两直线

利用"偏移"命令将直线 *MN* 向左、右各偏移 2。

8. 删除直线 *MN*

图形绘制完成。

补充知识 >>>

1. 有关矩形的补充知识——矩形各选项的含义

当输入"矩形"命令时,命令行出现如下提示信息:

命令:_rectang

指定第一个角点或 [倒角(C)/标高(E)/圆角(F)/厚度(T)/宽度(W)]:

(1)指定第一个角点:定义矩形的一个顶点,执行该选项后,按系统提示指定矩形的另一个顶点。

(2)倒角(C):绘制带倒角的矩形。

(3)标高(E):矩形的高度。

(4)圆角(F):绘制带圆角的矩形。

(5)厚度(T):矩形的厚度。

(6)宽度(W):定义矩形的线宽。

各选项含义如图 3-16、图 3-17 所示。其中"标高(E)"、"厚度(T)"选项用于绘制三维空间中的矩形。

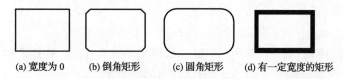

(a) 宽度为0   (b) 倒角矩形   (c) 圆角矩形   (d) 有一定宽度的矩形

图 3-16 绘制矩形 1

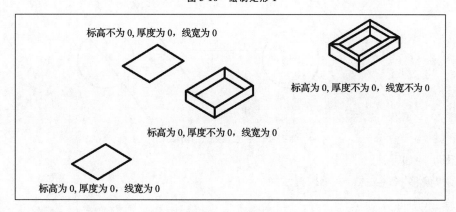

图 3-17 绘制矩形 2

2. 有关椭圆的补充知识

如图 3-18(a)所示,已知椭圆的中心点、长轴和短轴的长度,可利用下拉菜单[绘图][椭圆][圆心]命令来绘制,如图 3-18(b)所示,在功能区"默认"选项卡"绘图"面板上也可找到相应的命令。

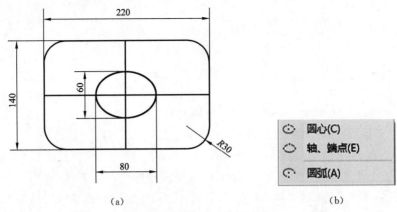

(a)   (b)

图 3-18   已知椭圆中心点绘制椭圆

3. 有关"偏移"命令的补充知识

(1)"偏移"命令用于偏移复制线性实体,得到原有实体的平行实体,如图 3-19 所示。

图 3-19   "偏移"命令的应用

(2)当输入"偏移"命令时,AutoCAD 提示如下:

指定偏移距离或 [通过(T)/删除(E)/图层(L)] <1.0000>:

如果选择"通过(T)"选项,则下一步输入偏移实体的通过点。如图 3-20 所示,已知直线 *AB* 及圆,过圆心 *O* 作一条直线与 *AB* 平行,且与 *AB* 相等。

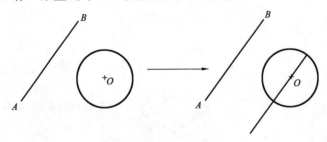

图 3-20   通过已知点的偏移

作图步骤如下:

输入"偏移"命令,AutoCAD 提示:

命令:_offset

当前设置:删除源=否　图层=源　OFFSETGAPTYPE=0

指定偏移距离或 [通过(T)/删除(E)/图层(L)] <1.0000>:**T** ↙

                               // 当不知道偏移距离,而直
                                   线偏移后通过的点为已知
                                   时,选择此选项

选择要偏移的对象,或 [退出(E)/放弃(U)] <退出>:**单击直线 *AB***

　　　　　　　　　　　　　　　　　　//选择要偏移的直线 AB

指定通过点或［退出(E)/多个(M)/放弃(U)］＜退出＞:＜**对象捕捉 开**＞**捕捉圆心 O**

　　　　　　　　　　　　　　　　　　//得到偏移后的直线

选择要偏移的对象,或［退出(E)/放弃(U)］＜退出＞:↙

　　　　　　　　　　　　　　　　　　//回车结束"偏移"命令

图形绘制完成。

提示、注意、技巧

　　1.绘制倒角矩形时,当输入的倒角距离大于矩形的边长时,倒角不会生成。

　　2.绘制圆角矩形时,当输入的半径值大于矩形边长时,圆角不会生成。

　　3."矩形"命令具有继承性,当绘制矩形时设置的各项参数始终起作用,直至修改该参数或重新启动 AutoCAD。因此在绘制矩形时,当输入"矩形"命令后,应该特别注意命令提示行的命令状态。

　　4.绘制的矩形是一个多段线,编辑时是一个整体,可以通过"分解"命令使之分解成单个线段。

　　5."偏移"命令在选择实体时,每次只能选择一个实体。

　　6."偏移"命令中的偏移距离,默认上次输入的值,所以在执行该命令时,一定要先看一看所给定的偏移距离值是否正确,是否需要进行调整。

　　7."偏移"命令不仅可用于偏移直线,而且可用于偏移圆、椭圆、正多边形、矩形,生成上述实体的同心结构。

　　8.修剪图形时最后的一段或单独的一段是无法剪掉的,可以用"删除"命令删除。

　　9.在使用"修剪"命令时,可以选中所有参与修剪的实体作为修剪边,让它们互为剪刀。

3.5 正多边形

任务:绘制正六边形,分三种情况绘制。第一种正六边形的边长已知为15;第二种正六边形内接一个直径为30的圆;第三种正六边形外切一个直径为30的圆,如图3-21所示。

目的:通过此图形,学习绘制正多边形的方法。

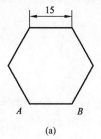
(a)

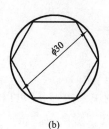
(b)

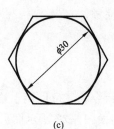
(c)

图3-21　平面图形(5)

绘图步骤分解：

1. 绘制边长为 15 的正六边形

> 功能区面板：＜默认＞＜绘图＞＜多边形＞
>
> 下拉菜单：[绘图][多边形]
>
> 命令行窗口：POLYGON (POL)✓

输入"多边形"命令后，AutoCAD 提示：

命令：_polygon

输入侧面数 ＜4＞:**6** ✓　　　　　　　　　　//多边形的边数为 6

指定正多边形的中心点或 [边(E)]:**E** ✓　　　//已知多边形的边长时，选择"边
　　　　　　　　　　　　　　　　　　　　　　　(E)"选项

指定边的第一个端点:**单击绘图区内一点 A**　//A 点为多边形的一个顶点

指定边的第二个端点:**＜正交 开＞ 15**✓　　//打开正交模式，将光标拖向右方，
　　　　　　　　　　　　　　　　　　　　　　　输入边长值 15

2. 绘制已知圆的内接正六边形

输入"多边形"命令，AutoCAD 提示：

命令：_polygon

输入侧面数 ＜6＞:✓　　　　　　　　　　　//取系统的默认值时，可直接回车

指定正多边形的中心点或 [边(E)]:**＜对象捕捉 开＞捕捉圆心位置**
　　　　　　　　　　　　　　　　　　　　　　　//已知圆的圆心即此正六边形的中
　　　　　　　　　　　　　　　　　　　　　　　心点

输入选项 [内接于圆(I)/外切于圆(C)] ＜I＞:✓　//此多边形内接于圆，故此时取系统
　　　　　　　　　　　　　　　　　　　　　　　的默认值＜I＞，也可在动态输入
　　　　　　　　　　　　　　　　　　　　　　　下选择

指定圆的半径:**15** ✓　　　　　　　　　　//圆的半径为 15

3. 绘制已知圆的外切正六边形

输入"多边形"命令，AutoCAD 提示：

命令：_polygon

输入侧面数 ＜6＞:✓

指定正多边形的中心点或 [边(E)]:**捕捉圆心**

输入选项 [内接于圆(I)/外切于圆(C)] ＜I＞:**C** ✓　//此多边形外切于圆，故选择"外切
　　　　　　　　　　　　　　　　　　　　　　　于圆(C)"选项

指定圆的半径:**15** ✓　　　　　　　　　　//圆的半径为 15

图形绘制完成。

补充知识 >>>

"多边形"命令除了可以用于绘制正六边形，还可以绘制正 3～1024 边形。

例如，绘制如图 3-22 所示图形，此图形内包含正三角形、正方形、正五边形和正六边形。

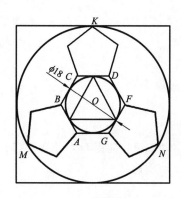

图 3-22　正多边形的绘制

绘图步骤分解：

1.绘制直径为 18 的圆

2.绘制圆内接正三角形

输入"多边形"命令，AutoCAD 提示：

命令：_polygon

输入侧面数 ＜6＞：**3** ✓

指定正多边形的中心点或［边（E）］：**捕捉圆心 O**　　//圆心 O 即正三角形的中心点

输入选项［内接于圆（I）/外切于圆（C）］＜C＞：**I** ✓　　//此正三角形内接于圆

指定圆的半径：**9** ✓　　//圆的半径为 9

3.绘制圆外切正六边形

输入"多边形"命令，AutoCAD 提示：

命令：_polygon

输入侧面数 ＜3＞：**6** ✓

指定正多边形的中心点或［边（E）］：**捕捉圆心 O**

输入选项［内接于圆（I）/外切于圆（C）］＜I＞：C ✓　　//此六边形外切于圆

指定圆的半径：**9** ✓　　//圆的半径为 9

4.绘制指定边长的正五边形

输入"多边形"命令，AutoCAD 提示：

命令：_polygon

输入侧面数＜6＞：**5** ✓

指定正多边形的中心点或［边（E）］：**E** ✓

指定边的第一个端点：**捕捉正六边形上点 A**

指定边的第二个端点：**捕捉正六边形上点 B**

同理绘制出另外两个正五边形。

5.绘制过 K、M、N 三点的圆

输入"圆 "命令，AutoCAD 提示：

命令：_circle

指定圆的圆心或［三点（3P）/两点（2P）/切点、切点、半径（T）］：**捕捉 O 点作为圆的圆心**

指定圆的半径或［直径(D)］<9.0000>:**捕捉 K、M、N 三点中的一个点**

//O 点与该点的连线即此圆的半径

6.绘制大圆的外切正方形

输入"多边形"命令,AutoCAD 提示:

命令:_polygon

输入侧面数 <5>:**4** ✔

指定正多边形的中心点或［边(E)］:**捕捉 O 点作为正多边形的中心点**

输入选项［内接于圆(I)/外切于圆(C)］<C>:✔

//此正方形外切于圆

指定圆的半径:**捕捉圆上 K、M、N 三点中某一点**　　*//O 点与该点的连线即此圆的半径*

图形绘制完成。

提示、注意、技巧

1.如果已知正多边形中心点与每条边端点之间的距离,就选择"内接于圆(I)"。

2.如果已知正多边形中心点与每条边中点之间的距离,就选择"外切于圆(C)"。

3.当所绘制的正多边形水平放置时,可直接输入内接或外切多边形的半径。

4.用"多边形"命令绘制的正多边形是一条多段线,编辑时是一个整体,可以通过"分解"命令使之分解成单个的线段。

3.6　缩　放

任务:将图 3-23(a)所示的矩形放大至 2 倍,变成图 3-23(b)所示的矩形,再将图 3-23(b)所示的矩形经过缩放,变为图 3-23(c)所示的矩形。在变换过程中,图形的长宽比保持不变。

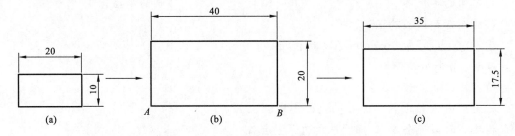

图 3-23　平面图形(6)

目的:通过绘制此图形,学习"缩放"命令及其应用。

绘图步骤分解:

1.绘制矩形

利用"矩形"命令,绘制长为 20、宽为 10 的矩形,如图 3-23(a)所示。

2.利用比例因子对矩形进行缩放

```
功能区面板:<默认> <修改> <缩放>
下拉菜单:[修改][缩放]
命令行窗口:SCALE(SC)↙
```

输入"缩放"命令后,AutoCAD 提示:

命令:_scale

选择对象:**选择矩形**　找到 1 个

选择对象:↙　　　　　　　　　　　//回车结束对象选择

指定基点:**捕捉矩形上不动的点**　　　//此例可任指定一点,如矩形的左下角点

指定比例因子或[复制(C)/参照(R)]:**2**↙//输入比例因子

图形由图 3-23(a)变成图 3-23(b),完成图形的绘制。

3.利用参照对矩形进行缩放

输入"缩放"命令,AutoCAD 提示:

命令:_scale

选择对象:**选择矩形**　找到 1 个　　　//选择要进行缩放的矩形

选择对象:↙　　　　　　　　　　　//回车结束对象选择

指定基点:**捕捉矩形上点 A**　　　　//捕捉缩放过程中不变的点

指定比例因子或[复制(C)/参照(R)]:**R**↙

　　　　　　　　　　　　　　　　//比例因子没有直接给出,但缩放后的实
　　　　　　　　　　　　　　　　　体长度已知,可选择"参照(R)"选项

指定参照长度 <1>:**捕捉 A 点**
指定第二点:**捕捉 B 点**

指定新长度:**35**↙　　　　　　　//根据已知条件,将线段 AB 长度变为 35

图 3-23(b)变为图 3-23(c),图形绘制完成。

提示、注意、技巧

　　1.比例缩放真正改变了图形的大小,和图形显示中缩放(ZOOM)命令的缩放
不同,ZOOM 命令只改变图形在屏幕上的显示大小,图形本身大小没有任何变化。

　　2.采用比例因子缩放时,比例因子为 1 时,图形大小不变;小于 1 时图形将缩
小;大于 1 时,图形将放大。

3.7　阵　列

　　任务:绘制平面图形,如图 3-24 所示。此图为一炉具的示意图,其中圆的半径为 80,直
线的长度为 100,直线上距圆心近的点到圆心的距离为 25,行间距为 400,列间距为 420。
　　目的:通过绘制此图形,学习阵列命令及其应用。

绘图步骤分解：

1.绘制其中一个基本平面图形——如图 3-24 所示左下角的图形

先利用"圆""直线"命令和对象捕捉追踪功能绘制如图 3-25(a)所示图形,再利用"环形阵列"命令完成一个基本图形的绘制。步骤如下：

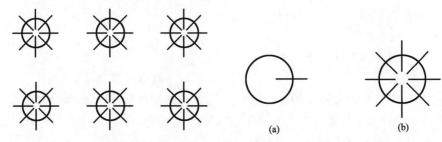

图 3-24　平面图形(7)　　　　　图 3-25　环形阵列

输入"环形阵列"命令,选择下述方法中的一种：

功能区面板:＜默认＞ ＜修改＞ ＜环形阵列＞
下拉菜单:[修改][阵列][环形阵列]
命令行窗口:ARRAYPOLAR ↙

AutoCAD 提示：

命令:_ arraypolar

选择对象:**单击直线**　找到 1 个　　　　　//选择用来环形阵列的图 3-25(a)中的直线

选择对象:↙　　　　　　　　　　　//回车结束对象的选择

指定阵列的中心点或[基点(B)/旋转轴(A)]:**单击圆心**

　　　　　　　　　　　　　　//选择图 3-25(a)中圆的圆心

选择夹点以编辑阵列或[关联(AS)/基点(B)/项目(I)/项目间角度(A)/填充角度(F)/行(ROW)/层(L)/旋转项目(ROT)/退出(X)]＜退出＞:**i** ↙

　　　　　　　　　　　　　　//输入"i"确定阵列的数量

输入阵列中的项目数或[表达式(E)]＜6＞:**8** ↙　　//阵列数量为 8

选择夹点以编辑阵列或[关联(AS)/基点(B)/项目(I)/项目间角度(A)/填充角度(F)/行(ROW)/层(L)/旋转项目(ROT)/退出(X)]＜退出＞:↙

　　　　　　　　　　　　　　//回车完成图 3-25(b)的绘制

2.绘制图 3-24 所示的平面图形

将上面所绘制的基本图形进行矩形阵列,可得到所要求的图形,步骤如下：

输入"矩形阵列"命令,选择下述方法中的一种：

功能区面板:＜默认＞ ＜修改＞ ＜矩形阵列＞
下拉菜单:[修改][阵列][矩形阵列]
命令行窗口:ARRAYRECT ↙

AutoCAD 提示：

命令：_arrayrect

选择对象：指定对角点：找到 2 个　　　　　　　//选择图 3-25(b)所示图形

选择对象：↙　　　　　　　　　　　　　　//回车结束对象的选择

选择夹点以编辑阵列或［关联(AS)/基点(B)/计数(COU)/间距(S)/列数(COL)/行数(R)/层数(L)/退出(X)］<退出>：**COL**↙　　//选择列数

输入列数数或［表达式(E)］<4>：**3**↙　　//列数为 3

指定列数之间的距离或［总计(T)/表达式(E)］<375>：**420**↙

　　　　　　　　　　　　　　　　　　　//列之间距离为 420

选择夹点以编辑阵列或［关联(AS)/基点(B)/计数(COU)/间距(S)/列数(COL)/行数(R)/层数(L)/退出(X)］<退出>：**R**↙　　//选择行数

输入行数数或［表达式(E)］<3>：**2**↙　　//行数为 2

指定行数之间的距离或［总计(T)/表达式(E)］<375>：**400**↙

　　　　　　　　　　　　　　　　　　　//行之间距离为 400

选择夹点以编辑阵列或［关联(AS)/基点(B)/计数(COU)/间距(S)/列数(COL)/行数(R)/层数(L)/退出(X)］<退出>：↙　　//回车完成图 3-24 的绘制

提示、注意、技巧

1. 对于规则分布的图形，可以通过"矩形阵列"或"环形阵列"命令产生。

2. 对于环形阵列，对应圆心角可以不是 360°，阵列的包含角度为正将按逆时针方向阵列，为负则按顺时针方向阵列。

3. 在环形阵列中，阵列项数包括原有实体本身。

3.8　倒角、移动及旋转

任务：绘制如图 3-26 所示图形。

目的：通过绘制此图形，学习"倒角""移动""旋转"命令及其应用。

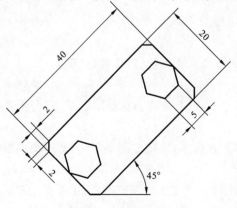

图 3-26　平面图形(8)

绘图步骤分解：

1. 绘制矩形并对矩形倒角

利用"矩形"命令，绘制长为 40、宽为 20 的矩形。利用"倒角"命令对矩形进行倒角，如图 3-27(a)所示。

> 功能区面板：<默认> <修改> <倒角>
> 下拉菜单：[修改][倒角]
> 命令行窗口：CHAMFER(CHA) ↙

输入"倒角"命令后，AutoCAD 提示：

命令：_chamfer

("修剪"模式) 当前倒角距离 1 = 0.0000，距离 2 = 0.0000

　　　　　　　　　　　　　　　　　　　　//提示当前所处的倒角模式及数值

选择第一条直线或 [放弃(U)/多段线(P)/距离(D)/角度(A)/修剪(T)/方式(E)/多个(M)]：**D**↙

　　　　　　　　　　　　　　　　　　　　//选择距离方式输入倒角值

指定第一个倒角距离 <0.0000>：**2** ↙　　//第一条直线的倒角距离为 2

指定第二个倒角距离 <0.0000>：**2** ↙　　//第二条直线的倒角距离为 2

选择第一条直线或 [放弃(U)/多段线(P)/距离(D)/角度(A)/修剪(T)/方式(E)/多个(M)]：**P**↙

　　　　　　　　　　　　　　　　　　　　//选择多段线方式可对矩形的四个

　　　　　　　　　　　　　　　　　　　　角同时倒角

选择二维多段线或 [距离(D)/角度(A)/方法(M)]：**单击矩形**

4 条直线已被倒角　　　　　　　　　　　//完成矩形倒角

2. 绘制正六边形并移动

利用"多边形"命令，在矩形外绘制边长为 5 的正六边形，利用"移动"命令，将正六边形移动到指定位置，如图 3-27(b)所示。

> 功能区面板：<默认> <修改> <移动>
> 下拉菜单：[修改][移动]
> 命令行窗口：MOVE(M) ↙

输入"移动"命令后，AutoCAD 提示：

命令：_move

选择对象：**选择正六边形**　找到 1 个　　//选择要移动的图形

选择对象：↙　　　　　　　　　　　　　//回车结束对象选择

指定基点或 [位移(D)] <位移>：<**对象捕捉 开**>

　　　　　　　　　　　　　　　　　　　　//捕捉正六边形左侧顶点

指定第二个点或 <使用第一个点作为位移>：　//移动鼠标捕捉到矩形左边中点

3. 镜像正六边形

利用"镜像"命令复制正六边形，完成如图 3-27(c)所示图形绘制。

4. 旋转图形

利用"旋转"命令旋转图形，完成如图 3-27(d)所示图形绘制。

功能区面板:＜默认＞＜修改＞＜旋转＞

下拉菜单:[修改][旋转]

命令行窗口:ROTATE(RO) ↙

输入"旋转"命令后,AutoCAD 提示:

命令:_rotate

UCS 当前的正角方向:ANGDIR＝逆时针 ANGBASE＝0 　　//提示当前相关设置

选择对象:**选择整个图形 找到 3 个** 　　　　　　　//选择要旋转的图形

选择对象:↙ 　　　　　　　　　　　　　　　　　　//回车结束选择

指定基点:**捕捉图形上任意一点,如左下角** 　　　　//指定旋转过程中保持不

　　　　　　　　　　　　　　　　　　　　　　　　　　动的点

指定旋转角度,或[复制(C)/参照(R)]:**45** ↙ 　　//图形绕基点逆时针旋转

　　　　　　　　　　　　　　　　　　　　　　　　　　45°

完成图形的绘制。

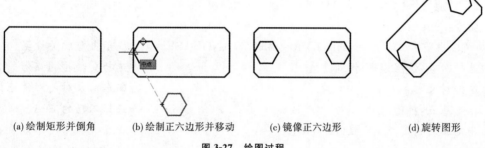

(a)绘制矩形并倒角　　(b)绘制正六边形并移动　　(c)镜像正六边形　　　　(d)旋转图形

图 3-27　绘图过程

补充知识 >>>

"旋转"命令的两种绘图方式:

1. 直接输入角度

绘图步骤参照图 3-27 所示图形的绘制过程。

2. 参照旋转

(1)将已知图形旋转到给定的位置

将图 3-28(a)中矩形经过旋转变成图 3-28(b)所示的形式。

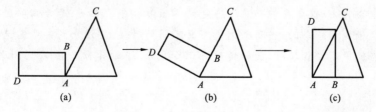

(a)　　　　　　　　　　　(b)　　　　　　　　　　(c)

图 3-28　使用参照进行旋转

输入"旋转"命令,AutoCAD 提示:

命令:_rotate

UCS 当前的正角方向:ANGDIR=逆时针 ANGBASE=0　//提示当前相关设置

选择对象:**选择矩形** 找到 1 个　　　　　　　　//选择要旋转的矩形

选择对象:↙　　　　　　　　　　　　　　　　//回车结束对图形的选择

指定基点:<对象捕捉 开> **捕捉 A 点**　　　　//选择不动的点 A

指定旋转角度或［复制(C)参照(R)］:**R** ↙　　//由于旋转角度不能直接确
　　　　　　　　　　　　　　　　　　　　　 定,此时可选择参照旋转
　　　　　　　　　　　　　　　　　　　　　 法来进行旋转

指定参照角 <0>:**捕捉矩形的 A 点**

指定第二点:**捕捉矩形的 B 点**

指定新角度或［点(P)］:**捕捉三角形的 C 点**

(2)将已知直线旋转到给定的角度

将图 3-28(b)中矩形经过旋转变成图 3-28(c)所示的形式。

输入"旋转"命令,AutoCAD 提示:

命令:_rotate

UCS 当前的正角方向:ANGDIR=逆时针 ANGBASE=0 //提示当前相关设置

选择对象:**选择矩形** 找到 1 个　　　　　　　　//选择要旋转的矩形

选择对象:↙　　　　　　　　　　　　　　　　//回车结束对图形的选择

指定基点:**捕捉 A 点**　　　　　　　　　　　//选择不动的点 A

指定旋转角度或［参照(R)］:**R** ↙　　　　//由于旋转角度不能直接确
　　　　　　　　　　　　　　　　　　　　　 定,此时可选择参照旋转
　　　　　　　　　　　　　　　　　　　　　 法来进行旋转

指定参照角 <0>:**捕捉矩形的 A 点**

指定第二点:**捕捉矩形的 D 点**

指定新角度:**90** ↙　　　　　　　　　　　　//将 AD 旋转到与 X 轴正向
　　　　　　　　　　　　　　　　　　　　　 呈 90°

图形绘制完成。

提示、注意、技巧

　　1."倒角"命令中的距离值以及"倒角"模式,总是默认为上次输入的值,所以在
执行该命令时,一定要先看一看所给定的各项参数是否正确,是否需要进行调整。

　　2.执行倒角命令时,当两个倒角距离不同的时候,要注意两条线的选择顺序。

　　3.当使用角度旋转时,旋转角度有正负之分,逆时针为正值,顺时针为负值。

3.9　倒圆角、打断、图层及夹点编辑

任务：绘制如图 3-29 所示的平面图形。

目的：通过绘制此图形，学习"倒圆角""打断"命令及其应用，掌握图层、线型、线宽、颜色的设置方法及夹点编辑方法。

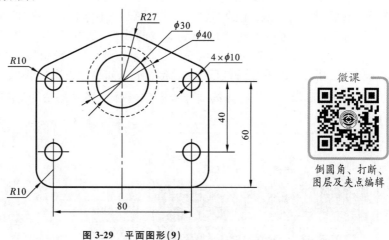

图 3-29　平面图形(9)

微课

倒圆角、打断、
图层及夹点编辑

绘图步骤分解：

1. 创建图层

工程图中包括不同的线型，可利用图层来进行设置，可将不同的线型设置在不同的图层上。

(1)创建新图层

选择下述方法中的一种创建新图层：

功能区面板：＜默认＞＜图层＞＜图层特性＞
下拉菜单：[格式][图层]
命令行窗口：LAYER(LA)✓

执行上述操作后，系统打开"图层特性管理器"选项板，如图 3-30 所示。默认情况下，AutoCAD 自动创建一个图层名称为"0"的图层，颜色为"白色"，线型为"Continuous(连续线型)"，线宽为默认值 0.25 mm。

图 3-30　"图层特性管理器"选项板

(2)图层设置

①颜色设置。在"图层特性管理器"选项板上单击"新建图层"按钮 ⚞，这时在图层列表中将出现一个名称为"图层1"的新图层，可以为其输入新的图层名，如"点画线"，以表示建立一个名为"点画线"的新图层。为便于区分图形中的元素，要为新建图层设置不同的颜色，可直接单击图层列表中该图层所在行的颜色块，系统将打开"选择颜色"对话框，如图3-31(a)所示。单击所要选择的颜色如红色，再单击"确定"按钮即可。

②线型设置。默认情况下，图层的线型为Continuous(连续线型)，改变线型的方法为：在图层列表中单击该图层相应的线型名称(如"Continuous")，系统弹出"选择线型"对话框，如图3-31(b)所示。在弹出的"选择线型"对话框中单击"加载"按钮，打开"加载或重载线型"对话框，从当前线型库中选择需要加载的线型(如"CENTER")，即可选择点画线，如图3-31(c)所示。单击"确定"按钮，则该线型即被加载到"选择线型"对话框中，再进行选择，单击"确定"按钮，回到"图层特性管理器"选项板。如果要一次加载多种线型，在选择线型时可按下 Shift 键或 Ctrl 键进行连续选择或多项选择。当线型改变后，再建立的线型将继承前一线型的特性。

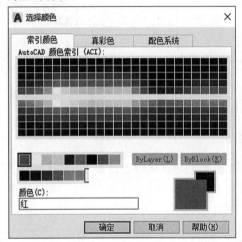

(a) 选择颜色

(b) 选择线型

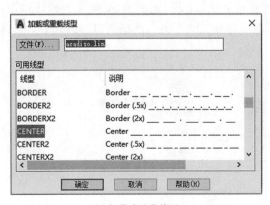

(c)加载或重载线型

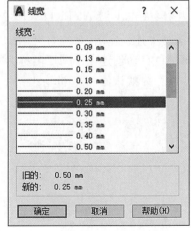

(d)选择线宽

图 3-31　颜色、线型、线宽设置

③线宽设置。默认情况下,图层的线宽为"默认"值(0.25 mm),改变线宽的方法为:在图层列表中单击该图层相应的线宽所在列,弹出"线宽"对话框。从当前线宽库中选择需要的线宽值即可,如图 3-31(d)所示。

（3）建立本任务所需要的图层

按上述步骤分别创建"点画线"、"粗实线"及"虚线"图层,其属性如图 3-32 中所示。"粗实线"层的线宽设置为 0.50 mm,其他为默认值(0.25 mm)。

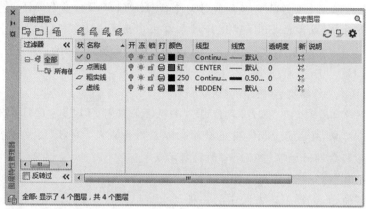

图 3-32　创建图层

（4）关闭"图层特性管理器"选项板

选择"点画线"层并单击"置为当前"铵钮 ,将"点画线"层置于当前。关闭"图层特性管理器"选项板。

2. 绘制定位中心线

利用"直线"及"偏移"命令,根据已知条件,绘制中心线,如图 3-33(a)所示,中心线长度可自定义。

3. 绘制图 3-33(b)所示的各已知圆

将"粗实线"层置为当前:单击功能区"默认"选项卡"图层"面板上"图层"按钮 后的下拉按钮,展开其下拉列表,单击"粗实线"层即可。再利用"圆"命令绘制各圆。

4. 绘制图 3-33(c)所示的五条线

利用"偏移""直线"命令及"切点捕捉"功能绘制各条直线。

5. 对图形上面部分进行修剪

修剪图 3-33(c)中左右两条直线的上面部分,结果如图 3-33(d)所示。

6. 对图形下面部分进行倒圆角,如图 3-33(e)所示

输入"圆角"命令,选择下述方法中的一种:

功能区面板:<默认> <修改> <圆角>

下拉菜单:[修改][圆角]

命令行窗口:FILLET(F)↙

AutoCAD 提示：

命令：_fillet

当前设置：模式 = 修剪，半径 = 5.0000   //提示当前所处的模式及倒圆角半径值

选择第一个对象或［放弃(U)/多段线(P)/半径(R)/修剪(T)/多个(M)］:**R**✓

//查看倒圆角的半径值

指定圆角半径 <5.0000>:**10**✓   //此时默认值为5,重新输入半径值 10

选择第一个对象或［放弃(U)/多段线(P)/半径(R)/修剪(T)/多个(M)］:**选择左面竖线**

选择第二个对象，或按住 Shift 键选择对象以应用角点或［半径(R)］:**选择下面直线**

命令：✓   //重新输入"圆角"命令

命令：FILLET

当前设置：模式 = 修剪，半径 = 10.0000

选择第一个对象或［放弃(U)/多段线(P)/半径(R)/修剪(T)/多个(M)］:**选择下面直线**

选择第二个对象，或按住 Shift 键选择对象以应用角点或［半径(R)］:**选择右面竖线**

7. 完成图形其余部分绘制，如图 3-33(f)所示

(1)利用"打断"命令将下面中心线打断。

输入"打断"命令，选择下述方法中的一种。

功能区面板：<默认> <修改> <打断>

下拉菜单：［修改］［打断］

命令行窗口：BREAK(BR) ✓

AutoCAD 提示：

命令：_break

选择对象：**单击下面中心线中部靠左一点**   //选择下面中心线,确定第一打断点

指定第二个打断点 或［第一点(F)］:**单击下面中心线中部靠右一点**

//确定第二打断点

用相同方法，对左、右两条竖直中心线分别进行打断。

(a)绘制中心线

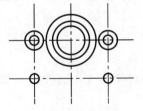

(b)绘制各已知圆

(c)绘制五条线

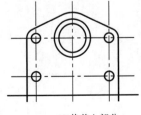

(d)修剪上部分

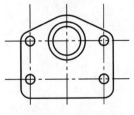

(e)对图形下面部分倒圆角

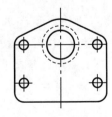

(f)完成图形绘制

图 3-33　绘图过程

(2)利用"夹点编辑"方法,将中心线调整到相应长度,使其满足国家标准。

方法为:单击点画线,使其显示夹点(蓝色),再分别选中中心线两端的夹点(夹点变成红色),将其移动到新的位置。

(3)将图中大圆变成虚线圆。

将大圆图层变到"虚线"层即可。

图形绘制完成。

提示、注意、技巧

1.与"倒角"命令相同,"圆角"命令也可应用于多段线。

2."圆角"命令中的圆角半径值以及"圆角"模式,总是默认上次输入的值,所以在执行该命令时,一定要先看一看所给定的各项值是否正确,是否需要进行调整。

3.如图 3-34 所示,如果将图 3-34(a)变为图 3-34(b),使原来不平行的两条直线相交,可对其进行倒圆角,半径为 0。

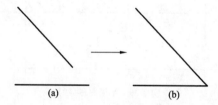

(a)　　　　　　(b)

图 3-34　对图形进行倒 0 角

4.当圆角半径大于某一边时,圆角不能生成。

5."圆角"命令可以应用圆弧连接,如图 3-35 所示,用 $R10$ 的圆弧把图 3-35(a)中两条直线连接起来变为 3-35(b),即可用"圆角"命令。

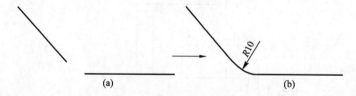

(a)　　　　　　(b)

图 3-35　圆弧连接

6.对圆和椭圆执行"打断"命令时,拾取点的顺序很重要,因为打断总是逆时针方向,是从选择的第一点逆时针到第二点所对应的部分消失。

7.一个完整的圆或椭圆不能在同一点被打断。

8.利用夹点编辑,可以对图形进行拉伸、移动、旋转、缩放等操作,此外还可以对图形进行镜像和复制等编辑。

9.取消实体的夹点状态,可以连续按下 Esc 键,直到夹点消失。

10.直线沿水平拉伸时,应打开"正交"模式。

11.为了防止捕捉的影响,拉伸时应将"对象捕捉"功能关闭。

3.10   样条曲线及图案填充

任务:绘制平面图形,如图 3-36 所示。

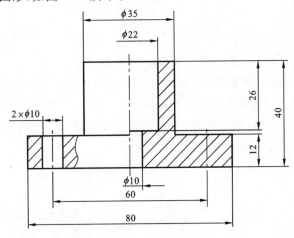

图 3-36   平面图形(10)

目的:通过绘制此图形,学习样条曲线绘制及图案填充的方法。

绘图步骤分解:

1. 绘制图 3-37 所示图形

利用前面学过的绘图与修改命令绘制图形。下面主要讲解图中左侧曲线的绘制方法。

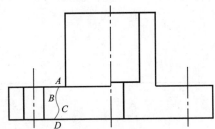

图 3-37   平面图形

输入"样条曲线"命令,选择下述方法中的一种:

> 功能区面板:<默认> <绘图> <样条曲线>
> 下拉菜单:[绘图][样条曲线][拟合点]
> 命令行窗口:SPLINE(SPL)↙

AutoCAD 提示:

命令:_spline

当前设置:方式＝拟合   节点＝弦

指定第一个点或[方式(M)/节点(K)/对象(O)]:**单击 A 点**   //A 点作为样条曲线的
第一点

输入下一个点或 [起点切向(T)/公差(L)]:**单击 B 点**

输入下一个点或 [端点相切(T)/公差(L)/放弃(U)]:**单击 C 点**

输入下一个点或 [端点相切(T)/公差(L)/放弃(U)/闭合(C)]:**单击 D 点**

输入下一个点或 [端点相切(T)/公差(L)/放弃(U)/闭合(C)]:↙　　//回车结束曲线
　　　　　　　　　　　　　　　　　　　　　　　绘制

2. 完成图 3-36 的绘制

在图 3-37 的基础上绘制剖面线,剖面线绘制方法如下:

> 功能区面板:<默认> <绘图> <图案填充>
>
> 下拉菜单:[绘图][图案填充]
>
> 命令行窗口:BHATCH(BH/H)↙

执行上述操作后功能区显示"图案填充创建"选项卡,如图 3-38 所示。

图 3-38　"图案填充创建"选项卡

(1)选择填充的区域:单击"边界"面板的"拾取点"按钮,命令行提示"拾取内部点或 [选择对象(S)/放弃(U)/设置(T)]:",此时单击要填加图案的封闭区域,即图形的左下部分及右侧部分。

(2)选择填充的图案:在"图案"面板中选择"ANSI31"图案。在"特性"面板中可对"图案填充角度"和"图案填充比例"进行修改,使图案满足图形要求。

(3)在"关闭"面板中单击"关闭图案填充创建"按钮,完成图案填充。

补充知识 >>>

1. 设置填充图案特性

填充图案和绘制其他对象一样,图案所使用的颜色和线型将使用当前图层的颜色和线型。

2. 定义要填充图案的区域

定义要填充图案区域的方法有两种:

(1)利用"边界"面板的"拾取点"按钮。在要填充图案的封闭区域内拾取一个点,系统自动产生一个围绕该拾取点的边界。

(2)利用"边界"面板的"选择"按钮。通过选择对象的方式来产生一封闭的填充边界。

3. "选项"面板"特性匹配"按钮

单击该按钮,系统要求用户在图中选择一个已有的填充图案,然后将其图案的类型和属性设置作为当前的填充设置。此功能对于在不同阶段绘制多个同样的图案填充非常有用。

提示、注意、技巧

1.填充边界可以是圆、椭圆、多边形等封闭的图形,也可以是由直线、曲线、多段线等围成的封闭区域。

2.在选择对象时,一般应用"拾取点"来选择边界。这种方法既快又准确,"选择对象"只是作为补充手段。

3.边界图形必须封闭。

4.边界不能重复选择。

5.样条曲线主要用于绘制机械制图中的波浪线、截交线、相贯线以及地理图中的地貌等。

3.11   面域与查询

任务:利用面域和布尔运算,将图3-39(a)变为图3-39(b)所示的形式,并求出图3-39(b)的面积(不计内部四个圆)。

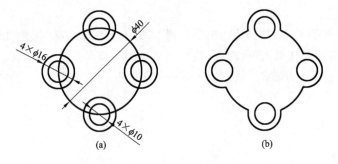

(a)   (b)

图 3-39   利用面域绘制图形

目的:通过绘制此图形,学习面域的创建方法、布尔运算、面域数据的提取方法及有关查询的其他知识。

绘图步骤分解:

1.绘制图 3-39(a)

2.将图 3-39(a)定义成面域

功能区面板:<默认> <绘图> <面域> 下拉菜单:[绘图][面域] 命令行窗口:REGION(REG)↙

AutoCAD 提示:

命令:_region

选择对象:指定对角点:**选中图 3-39(a)中所有图形** 找到 9 个

//选择将要定义成面域的图形

选择对象:↙   //回车结束对象的选择

已提取 9 个环。

已创建 9 个面域   //9 个面域被创建

目前图形没有明显变化,但对其进行着色时,可以看到面域的图形将被填充上灰色,如图 3-40 所示。对图形着色的方法为:

> 下拉菜单:[视图][视觉样式][着色]

也可将着色的图形回到二维线框的状态,方法为:

> 下拉菜单:[视图][视觉样式][二维线框]

图 3-40 面域着色后的图形

3. 对创建面域的图形进行布尔运算

(1)将四个直径为 16 的圆和图中最大的圆做并集运算。

输入"并集"命令,选择下述方法中的一种:

> 下拉菜单:[修改][实体编辑][并集]
> 命令行窗口:UNION(UNI)↙

AutoCAD 提示:

命令:_union

选择对象:找到 1 个

选择对象:找到 1 个,总计 2 个

选择对象:找到 1 个,总计 3 个

选择对象:找到 1 个,总计 4 个

选择对象:找到 1 个,总计 5 个   //分别选择四个直径为 16 的圆和图中最大的圆

选择对象:↙   //回车结束对实体的选择

执行并集运算后的图形线框图与图 3-39(b)相同,着色后的图形与图 3-40 相同。

(2)将刚做并集的图形与四个直径为 10 的圆做差集运算,可将四个小圆从图中减去。

输入"差集"命令,选择下述方法中的一种:

> 下拉菜单:[修改][实体编辑][差集]
> 命令行窗口:SUBTRACT(SU)↙

AutoCAD 提示:

命令:_subtract

选择要从中减去的实体、曲面和面域...

选择对象:**选择最大的圆** 找到 1 个　　　　　//选择被减对象

选择对象:↙　　　　　　　　　　　　　　//回车结束对象的选择

选择要减去的实体、曲面和面域...

选择对象:找到 1 个

选择对象:找到 1 个,总计 2 个

选择对象:找到 1 个,总计 3 个

选择对象:找到 1 个,总计 4 个　　　　　//选择 4 个直径为 10 的圆

选择对象:↙　　　　　　　　　　　　　　//回车结束对象的选择

执行上述差集运算后,线框图没有变化,与图 3-39(b)相同,但着色图变为如图 3-41 所示。

图 3-41　执行差集运算后着色的图形

4. 求图 3-41 所示图形面积

> 功能区面板:<默认> <实用工具> <面积>
> 下拉菜单:[工具][查询][面积]
> 命令行窗口:MEASUREGEOM↙

输入"查询面积"命令后,AutoCAD 提示:

命令:_MEASUREGEOM

输入一个选项[距离(D)/半径(R)/角度(A)/面积(AR)/体积(V)/快速(Q)/模式(M)/退出(X)]<距离>:_area

指定第一个角点或[对象(O)/增加面积(A)/减少面积(S)/退出(X)]<对象(O)>:↙

　　　　　　　　　　　　　　　　//回车取系统默认值"对象"

选择对象:**单击图 3-41 所示图形**

区域 = 1378.8733,修剪的区域 = 0.0000 ,周长 = 300.3107

　　　　　　　　　　　　　　　　//得到所求图形的面积与周长

输入一个选项[距离(D)/半径(R)/角度(A)/面积(AR)/体积(V)/快速(Q)/模式(M)/退出(X)]<面积>:**按 Esc 键**　　　　　//结束命令

习　题

一、基础题

1. 绘制下列图形(图 3-42～图 3-56),不标注尺寸。

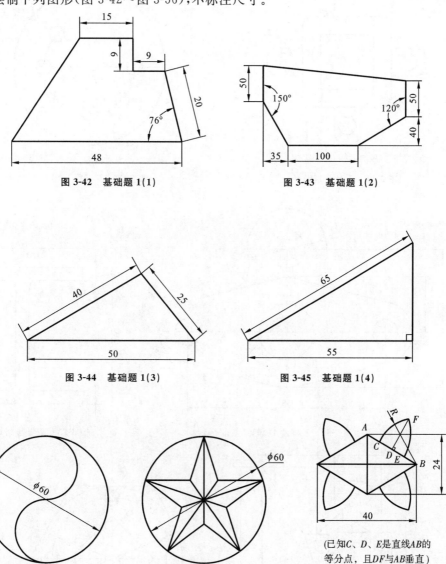

图 3-42　基础题 1(1)

图 3-43　基础题 1(2)

图 3-44　基础题 1(3)

图 3-45　基础题 1(4)

图 3-46　基础题 1(5)

图 3-47　基础题 1(6)

(已知C、D、E是直线AB的
等分点,且DF与AB垂直)

图 3-48　基础题 1(7)

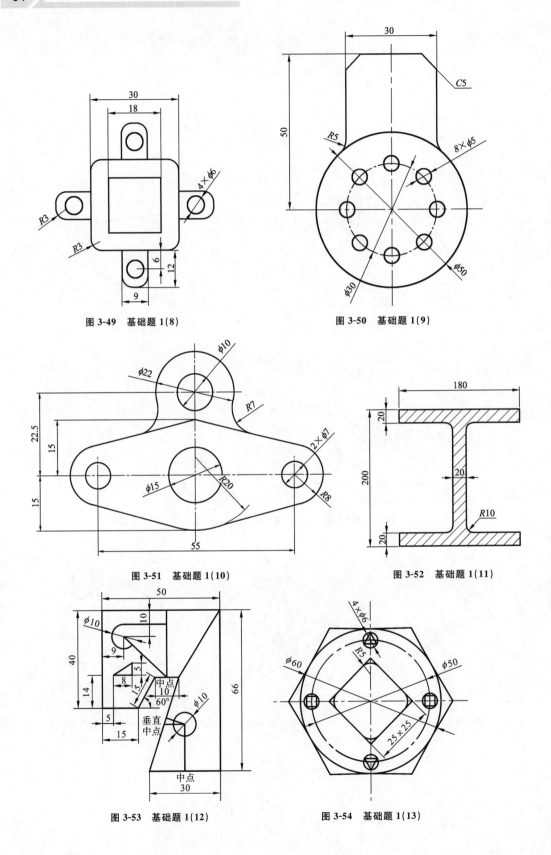

图 3-49　基础题 1(8)

图 3-50　基础题 1(9)

图 3-51　基础题 1(10)

图 3-52　基础题 1(11)

图 3-53　基础题 1(12)

图 3-54　基础题 1(13)

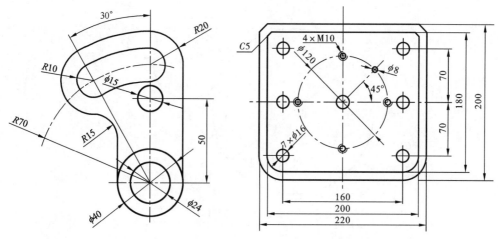

图 3-55 基础题 1(14)

图 3-56 基础题 1(15)

2.绘制图 3-57 所示图形,并查询图形的有效面积。

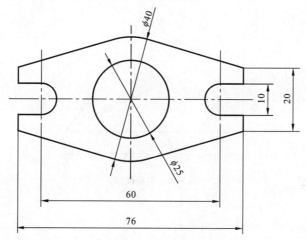

图 3-57 基础题 2

二、拓展题

绘制下列图形(图 3-58～图 3-62),不标注尺寸。

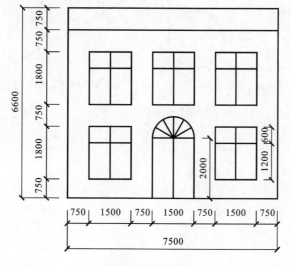

图 3-58 拓展题(1)

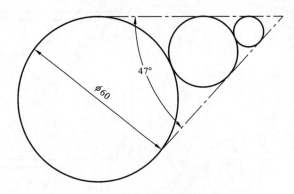

图 3-59　拓展题(2)

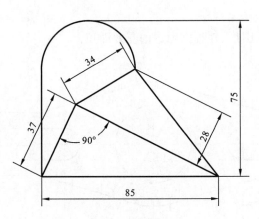

图 3-60　拓展题(3)

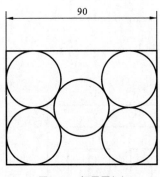

图 3-61　拓展题(4)

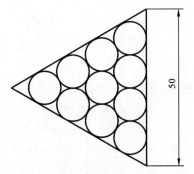

图 3-62　拓展题(5)

单元4
绘制视图与尺寸标注实例

4.1 绘制视图及尺寸标注

绘制图形时,首先应该对图形进行线段分析和尺寸分析,根据定形尺寸和定位尺寸,判断出已知线段、中间线段和连接线段,按照先已知线段,再中间线段、后连接线段的绘图顺序完成图形。

任务:绘制如图 4-1 所示的视图并标注尺寸。

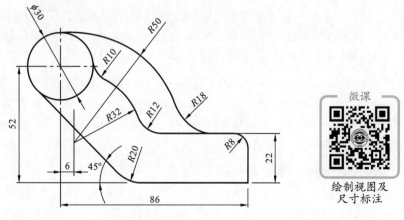

微课

绘制视图及
尺寸标注

图 4-1 平面图形

目的:通过绘制此图形,训练常用的绘图与编辑命令的使用方法,以及含有连接圆弧的视图的绘制方法,熟悉尺寸标注的设置与标注方法。

图形分析:要绘制该图形,应首先分析线段类型。

(1)已知线段:定形尺寸和定位尺寸全部给出,作图时可直接画出的直线段或圆弧。如图 4-1 中直径 $\phi30$ 的圆,两条水平直线段和一条竖直直线段。

(2)中间线段:给出定形尺寸,定位尺寸不全,需要根据与其他线段或圆弧的相切关系才能画出的直线段或圆弧。如图 4-1 中 45°斜线,$R50$、$R32$ 圆弧。

(3)连接线段:只有定形尺寸,没有定位尺寸的直线段或圆弧。如图 4-1 中 $R10$、$R12$、$R20$、$R18$ 及 $R8$。

绘图步骤分解:

1. 新建图纸

新建一张图纸,绘图单位选择"公制",根据该图形的尺寸,图纸区域取系统的默认值 A3(420×297)。

2. 设置对象捕捉

设置"交点"、"切点"、"圆心"、"端点"等对象捕捉点,并启用"对象捕捉"功能。

3. 设置图层

按图形要求,打开"图层特性管理器"选项板,设置以下图层:

图层名	颜色	线型	线宽
粗实线	白色	Continuous	0.50 mm
点画线	白色	CENTER	默认(0.25 mm)
标注	蓝色	Continuous	默认(0.25 mm)

4. 绘制图形

(1)选择图层

将"粗实线"层设置为当前层。所有图线均可在"粗实线"层绘制,最后再变换图层。

(2)绘制 $\phi30$ 的圆及中心线、两条水平直线段和一条竖直直线段

利用"直线"、"圆"及"偏移"命令,根据已知尺寸,绘制如图 4-2(a)所示图形。

(3)绘制 45°斜线,倒 $R20$ 和 $R8$ 的圆角

过圆心 M 作一条与 X 轴正向呈 $-45°$ 的直线,并将此直线向下偏移一个半径"15"的距离。倒 $R20$ 及 $R8$ 的圆角,如图 4-2(b)所示。之后删除偏移前的 45°斜线,修剪多余的线条。

(4)确定 $R50$ 和 $R32$ 圆弧的圆心

将已知 $\phi30$ 圆的中心线 a 向右偏移 6,拉伸后得到直线 b,$R50$ 圆弧的圆心 N 应该在直线 b 上。由于 $R50$ 圆弧与 $\phi30$ 圆相内切,因此两者的圆心距离等于其半径差。以 $\phi30$ 圆的圆心 M 为圆心、$35(50-15)$ 为半径画一个辅助圆 d,则直线 b 与圆 d 的交点即是 $R50$ 圆弧的圆心 N,如图 4-2(c)所示。

(5)绘制 $R50$ 圆弧并倒 $R18$ 的圆角

以 N 为圆心、50 为半径画圆,然后对直线和 $R50$ 圆弧进行倒圆角,半径为 18,删除辅助圆 d,如图 4-2(d)所示。

(6)修剪 $R50$ 圆弧,绘制 $R32$ 圆弧并倒 $R12$ 和 $R10$ 的圆角

以 N 为圆心、32 为半径画圆,然后对直线和 $R32$ 圆弧进行倒圆角,半径为 12;对 $\phi30$ 圆

和 $R32$ 圆弧进行倒圆角，半径为 10；修剪 $R50$ 圆弧，如图 4-2(e)所示。之后删除直线 b。

（7）修剪 $R32$ 圆弧，调整中心线长度与线型

利用"修剪"命令修剪 $R32$ 圆弧，利用夹点编辑修整中心线长度，将中心线调整到"点画线"层，并将状态栏的"线宽"按钮选中，完成作图，如图 4-2(f)所示。

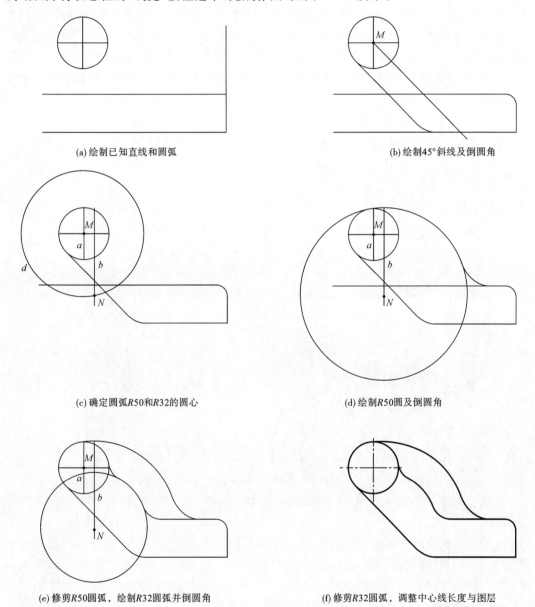

(a) 绘制已知直线和圆弧　　　　　　　　　(b) 绘制45°斜线及倒圆角

(c) 确定圆弧 $R50$ 和 $R32$ 的圆心　　　　　(d) 绘制 $R50$ 圆及倒圆角

(e) 修剪 $R50$ 圆弧，绘制 $R32$ 圆弧并倒圆角　　　(f) 修剪 $R32$ 圆弧，调整中心线长度与图层

图 4-2　绘图过程

5. 尺寸标注

（1）将"标注"层置为当前层

在 AutoCAD 中编辑、修改工程图样时，由于各种图线与尺寸混杂在一起，故其操作非常不方便。为了便于控制尺寸标注对象的显示与隐藏，在 AutoCAD 中要为尺寸标注创建独立的图

层,并运用图层技术使其与图形的其他信息分开,以便于操作,"标注"层的线型为细实线。本任务前面已经创建了"标注"层,将"标注"层置为当前层,标注尺寸时应在该层上进行。

(2)创建文字样式

设置文字样式是进行文字和尺寸标注的首要任务。在 AutoCAD 中,文字样式用于控制图形中所使用文字的字体、高度和宽度系数等。在一幅图形中可定义多种文字样式,以适合不同对象的需要。一般情况下需创建"汉字"和"符号"两种文字样式。"汉字"文字样式用于输入汉字;"符号"文字样式用于输入非汉字符号。本节所绘图形主要用到"符号"文字样式,因此下面主要介绍"符号"文字样式的设置与标注,有关"汉字"文字样式的内容将在单元5 中介绍。

要创建"符号"文字样式,可按如下步骤进行操作:

①可用以下方法当中的任意一种方法,打开"文字样式"对话框,如图 4-3 所示。

功能区面板:＜默认＞＜注释＞＜文字样式＞

下拉菜单:[格式][文字样式]

命令行窗口:STYLE↙

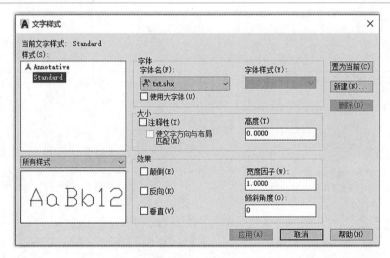

图 4-3 　"文字样式"对话框

默认情况下,文字样式名为 Standard,字体为 txt. shx,高度为 0.0000,宽度因子为1.0000。

②若要生成新的文字样式"符号",则可在该对话框中单击"新建"按钮,打开"新建文字样式"对话框,在"样式名"文本框中输入文字样式名称"符号",单击"确定"按钮,返回"文字样式"对话框。在"字体"选项组中,字体选择"gbenor. shx",高度为"0.0000",宽度因子为"1.0000",如图 4-4 所示。

(3)设置尺寸标注样式

标注样式是尺寸标注对象的组成方式。诸如标注文字的位置和大小、箭头的形状等。设置尺寸标注样式可以控制尺寸标注的格式和外观,有利于执行相关的绘图标准。

通常先设置一个"基本样式",按照机械制图的绘图标准设置必要的参数,以确保能用于常用标注类型的尺寸标注,而其他如带有前后缀、水平放置等特殊要求的标注,可单独设置

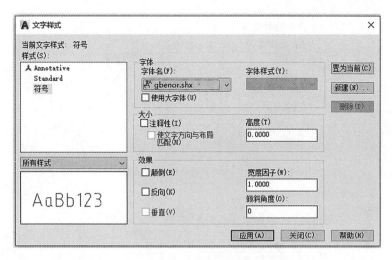

图 4-4　设置字体

样式或在"基本样式"的基础上使用"样式替代"稍加修改即可。

①新建标注样式

可用以下方法当中的任意一种方法，打开"标注样式管理器"对话框，如图 4-5 所示。

功能区面板：＜默认＞ ＜注释＞ ＜标注样式＞

下拉菜单：［格式］［标注样式］

命令行窗口：DIMSTYLE↙

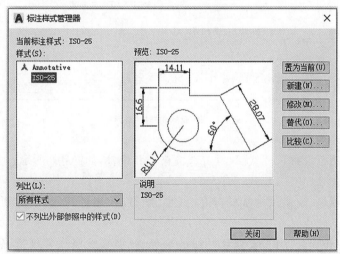

图 4-5　"标注样式管理器"对话框

单击"新建"按钮，打开"创建新标注样式"对话框。在"新样式名"文本框中输入新的样式名称如"基本样式"；在"基础样式"下拉列表中选择默认基础样式为"ISO-25"；在"用于"下拉列表中选择"所有标注"，以应用于各种尺寸类型的标注，如图 4-6 所示。

单击"继续"按钮，打开"新建标注样式"对话框，如图 4-7 所示。利用"线"、"符号和箭头"、"文字"和"主单位"等 7 个选项卡可以设置标注样式的所有内容。

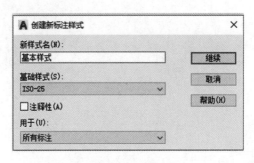

图 4-6 "创建新标注样式"对话框

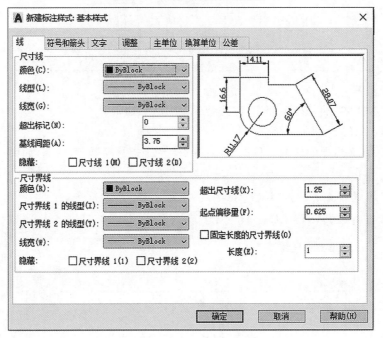

图 4-7 "新建标注样式"对话框

②设置"线"选项卡

"线"选项卡用于设置尺寸线、尺寸界线的格式和位置,如图 4-8 所示。

● 尺寸线

"尺寸线"选项组:设置尺寸线的颜色、线型、线宽、超出标记、基线间距和隐藏控制等。设置时要注意以下几点:

a. 颜色、线型和线宽:用于设置尺寸线的颜色、线型和线宽。常规情况下,尺寸线的颜色、线型和线宽都采用系统的默认选项"ByBlock"(随块)。

b. 超出标记:当尺寸线截止符是箭头时此选项不可用。

c. 基线间距:即指使用基线尺寸标注时两条尺寸线之间的距离,这个值要视字高来确定,这里暂选用 10。

d. 隐藏:通过选择"尺寸线 1"和"尺寸线 2"复选框,可以控制尺寸线两个组成部分的可见性。

● 尺寸界线

"尺寸界线"选项组:设置尺寸界线的颜色、线型、线宽、超出尺寸线的长度、起点偏移量

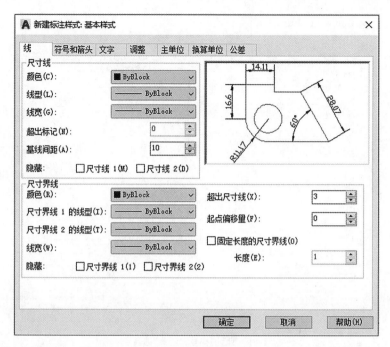

图 4-8 设置"线"选项卡

和隐藏控制等。其意义如下：

a. 颜色、线型和线宽：设置为"ByBlock"（随块）。

b. 超出尺寸线：用于控制尺寸界线超出尺寸线的距离，国标中规定为 2～3 mm，在这里选用"3"。

c. 起点偏移量：用于控制尺寸界线到定义点的距离，国标中机械制图设该值为 0。

d. 隐藏：通过选择"尺寸界线 1"和"尺寸界线 2"复选框，可以控制第 1 条和第 2 条尺寸界线的可见性，定义点不受影响。

③设置"符号和箭头"选项卡

用于设置箭头、半径折弯标注等，常规设置如图 4-9 所示。

● 箭头

"箭头"选项组：设置尺寸线和引线箭头的类型及箭头大小。

a. 机械制图国标规定，尺寸线截止符采用"实心闭合"。

b. 箭头大小：国标中规定为 2～4 单位，在这里选用"3"。

● 圆心标记

"圆心标记"选项组：设置圆心标记的有无、大小和类型。其中，圆心标记类型若选择"标记"，则在圆心位置以短十字线标注圆心，该十字线的长度由"大小"编辑框设定。若选择"直线"，则圆心标注线将延伸到圆外，"大小"编辑框用于设置中间小十字标记和标注线延伸到圆外的尺寸。一般情况下选择"无"即可。

● 半径折弯标注

当圆弧半径较大、超出图幅时，不便于直接标出圆心，因此将尺寸线折弯，这里折弯角度设为"15"。

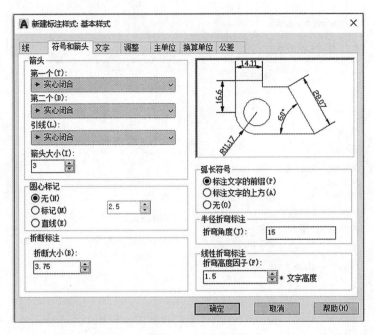

图 4-9　设置"符号和箭头"选项卡

④设置"文字"选项卡

"文字"选项卡用于设置文字外观、位置、对齐等项目,设置参数如图 4-10 所示。

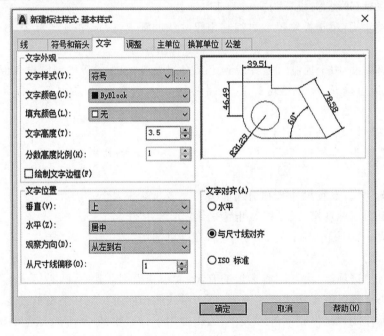

图 4-10　设置"文字"选项卡

● "文字外观"选项组

a. 文字样式:取事先设置的"符号"样式。

b. 文字颜色:ByBlock。

c. 文字高度:视图幅规格按国标要求设置,这里选取"3.5"。

●"文字位置"选项组

按国标设置,"垂直"选"上"、"水平"选"居中"、"观察方向"选"从左到右","从尺寸线偏移"选"1",它是文字偏移尺寸线的距离。

●"文字对齐"选项组

a.水平:这个单选项用于标注角度和半径。

b.与尺寸线对齐:这个单选项为线性类尺寸标注的常用选项。

⑤设置"调整"选项卡

"调整选项"、"文字位置"、"标注特征比例"和"优化"四个选项组,采用默认设置即符合国标要求,必要时再做修改,如图 4-11 所示。

图 4-11　设置"调整"选项卡

⑥设置"主单位"选项卡

"主单位"选项卡用于设置单位格式、精度、测量单位比例等值,如图 4-12 所示。

●"线性标注"选项组

a.单位格式:选取"小数"。

b.精度:依据图形精度需要设置小数点后位数,这里设为"0"。

c.小数分隔符:选"."(句点)。

其他选项取系统默认值。

设置完毕,单击"确定"按钮,这时会得到一个新的尺寸标注样式——基本样式。在"标注样式管理器"对话框的"样式"列表框中选择新创建的样式"基本样式",单击"置为当前"按钮,将其设置为当前样式,用这个样式可以进行相应标注形式的标注。

（4）标注尺寸

①线性标注

在标注图样中使用"捕捉"功能,指定两条尺寸界线原点。

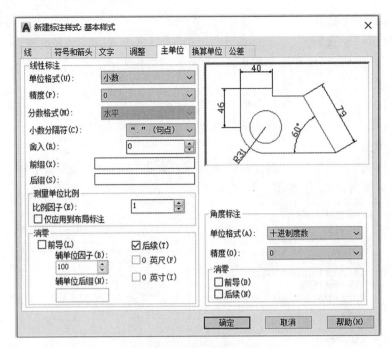

图 4-12　设置"主单位"选项卡

采用下述方法中的一种启用"线性标注"命令：

功能区面板：<默认> <注释> <线性>

下拉菜单：[标注][线性]

命令行窗口：DIMLINEAR↙

启动"线性标注"命令后，AutoCAD 提示：

命令：_dimlinear

指定第一条尺寸界线原点或 <选择对象>：**捕捉交点或端点**　　　//指定第一条尺寸界
　　　　　　　　　　　　　　　　　　　　　　　　　　　　　　线原点

指定第二条尺寸界线原点：**捕捉交点或端点**　　　　　　　　　//指定第二条尺寸界
　　　　　　　　　　　　　　　　　　　　　　　　　　　　　　线原点

指定尺寸线位置或[多行文字(M)/文字(T)/角度(A)/水平(H)/垂直(V)/旋转(R)]：
在合适位置单击一点　　　　　　　　　　　　　　　　　　//指定尺寸线位置

按上述操作，完成图 4-1 中尺寸 52、6、86 和 22 的标注。

②圆和圆弧标注

在 AutoCAD 中，使用半径或直径标注，可以标注圆和圆弧的半径或直径。

标注圆和圆弧的半径或直径时，AutoCAD 在标注文字前自动添加符号 R（半径）或 ϕ
（直径），步骤如下：

功能区面板：<默认> <注释> <半径>或<默认> <注释> <直径>

下拉菜单：[标注][半径]或[标注][直径]

命令行窗口：DIMRADIUS↙或 DIMDIAMETER↙

AutoCAD 提示：

命令：_dimradius（或_dimdiameter）

选择圆弧或圆：单击要标注的圆或圆弧

　　　　//选择标注对象

指定尺寸线位置或［多行文字（M）/文字（T）/角度（A）］**：在放置尺寸线的位置单击**

　　　　//选择尺寸线位置

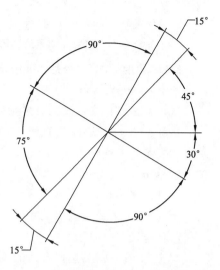

图 4-13　角度标注

　　按上述操作，完成图 4-1 中 $\phi30$、$R10$、$R50$、$R32$、$R12$、$R20$、$R18$ 及 $R8$ 的尺寸标注。

　　③角度标注

　　在机械制图中，《机械制图 尺寸注法》（GB/T 4458.4－2003）要求角度的数字一律写成水平方向，注在尺寸线中断处，必要时可以写在尺寸线上方或外边，也可以引出，如图 4-13 所示。

　　为了满足绘图要求，在使用 AutoCAD 设置标注样式时，用户可以创建角度标注样式。在基本样式的基础上，在"文字"选项卡的"文字对齐"选项组中，选择"水平"单选项，其他项目按绘图要求设置，如图 4-14 所示。单击"确定"按钮，将新建的样式置为当前，这时就可以使用该角度标注样式来标注角度尺寸了。

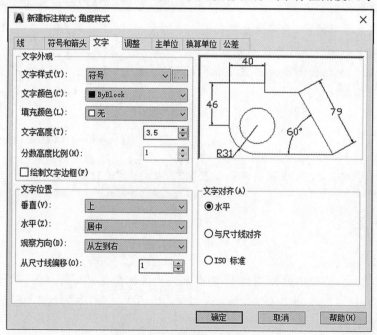

图 4-14　角度标注样式的设置

标注图中角度 45°，步骤如下：

采用下述方法中的一种启动"角度标注"命令：

功能区面板:＜默认＞＜注释＞＜角度＞

下拉菜单:[标注][角度]

命令行窗口:DIMANGULAR ↙

启动"角度标注"命令后,AutoCAD提示:

命令:_dimangular

选择圆弧、圆、直线或＜指定顶点＞:**单击直线**　　　　// 选择标注对象的一条直边

选择第二条直线:**单击直线**　　　　　　　　　　　　// 选择另一条斜边

指定标注弧线位置或[多行文字(M)/文字(T)/角度(A)/象限点(Q)]:**在放置尺寸线的位置单击**　　　　　　　　　　　　　　　// 确定标注位置

标注文字＝45

至此,完成图形中全部尺寸标注。

6. 保存图形

单击"保存"按钮,选择合适的位置,以"图 4-1"为名保存。

提示、注意、技巧

在机械制图中,使用半径标注和直径标注来标注圆和圆弧时,需要注意以下几点:

① 完整的圆应标注直径,如果图形中包含多个规格完全相同的圆,应标注出圆的总数。

② 小于半圆的圆弧应使用半径标注。但应注意,即使图形中包含多个规格完全相同的圆弧,也不注出圆弧的数量。

③ 半径和直径的标注样式有多种,常用"标注文字水平放置",如图 4-15 所示。

④ 在图 4-15 中的 $R5$、$\phi20$ 和 $4\times\phi5$ 的尺寸是将标注文字水平放置,可利用前面设置的"角度样式"进行标注。

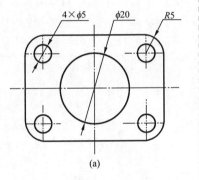

图 4-15　半径和直径的标注形式

补充知识 >>>

角度标注

如图 4-16 所示,使用角度标注对圆、圆弧和三点间的角度进行标注时,其操作要点是:

(1)标注圆时,首先在圆上单击确定第一个点[如图 4-16(a)中的点 1],然后指定圆上的第二个点[如图 4-16(a)中的点 2],再确定放置尺寸的位置。

(2)标注圆弧时,可以直接选择圆弧,如图 4-16(b)所示。

(3)标注直线间夹角时,选择两直线的边即可。

(4)标注三点间的角度时,按 Enter 键默认指定顶点,然后指定角的顶点[如图 4-16(c)中的点 1]和另两个点[如图 4-16(c)中的点 2 和点 3]。角度标注的各种效果如图 4-16 所示。

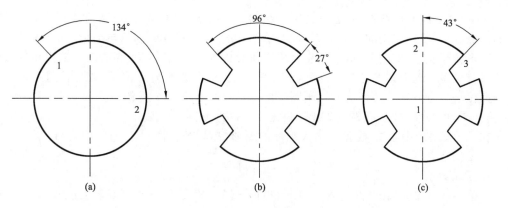

图 4-16　角度标注

（5）在机械制图中，角度尺寸的尺寸线为圆弧的同心弧，尺寸界线沿径向引出。

4.2　绘制三视图及尺寸标注

绘制组合体三视图前，首先应对组合体进行形体分析。分析组合体是由哪几部分组成的，每一部分的几何形状，各部分之间的相对位置关系，相邻两基本体的组合形式等。然后根据组合体的特征选择主视图，主视图的方向确定之后，其他视图的方向也就随之确定。

任务：绘制如图 4-17 所示的三视图并标注尺寸。

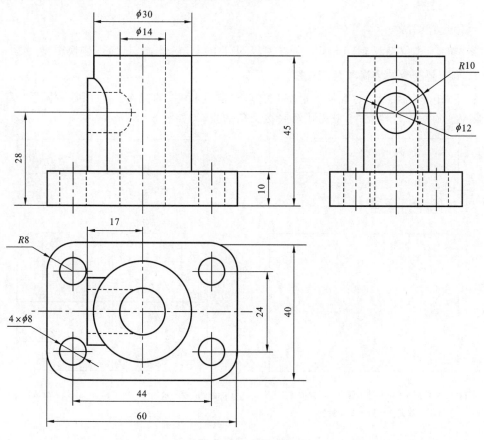

图 4-17　形体的三视图

目的:通过绘制此图形,熟悉三视图的绘制方法和技巧,学会利用对象捕捉、对象捕捉追踪的方法,来保证三视图的三等关系,提高绘图速度,学习尺寸的标注与编辑方法。

图形分析:绘制此图形时,首先应利用形体分析方法,读懂图形,弄清图形结构和各图形间的对应关系。此形体可分为三部分,长方体的底座、上部的圆筒、左侧带圆孔的立板。空心圆筒位于长方体底座的正上方。画图时应按每个结构在三个视图中同时绘制,也可先画主、俯视图,再画左视图,不要一个视图画完之后再去画另一个视图。

在 AutoCAD 中绘图,无论是多大尺寸的图形,都可以按照 1∶1 的比例绘制。

绘图步骤分解:

1. 新建图纸

新建一张图纸,绘图单位选择"公制",根据该图形的尺寸,图纸区域取系统的默认值 A3(420×297)。

2. 设置对象捕捉

设置"交点""圆心""端点"等对象捕捉点,并启用"对象捕捉"功能。

3. 设置图层

按图形要求,打开"图层特性管理器"选项板,设置以下图层:

图层名	颜色	线型	线宽
粗实线	白色	Continuous	0.50 mm
点画线	白色	CENTER	默认(0.25 mm)
虚线	红色	HIDDEN	默认(0.25 mm)
标注	蓝色	Continuous	默认(0.25 mm)

4. 绘制图形

(1)选择图层

将"粗实线"层设置为当前层。所有图线均可用粗实线绘制,最后再变换图层。

(2)绘制底板的主视图及俯视图

利用"矩形"命令及"对象捕捉追踪"功能,绘制底板主、俯视图外形,利用"圆"、"偏移"、"镜像"及"圆角"命令绘制 4 个圆孔及底板圆角的投影,如图 4-18 所示。

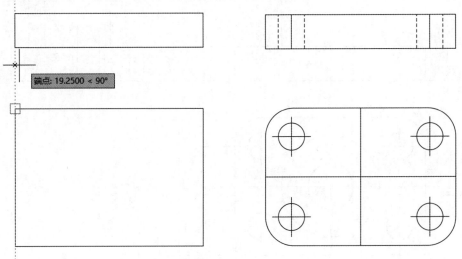

(a)绘制主视图的矩形时,利用"对象捕捉追踪" 　　(b)绘制底板其余部分,将主视图孔的投影变成虚线
保证主、俯视图长对正

图 4-18　绘制底板主、俯视图

（3）绘制上方圆筒及左侧立板的主视图和俯视图

综合运用"圆"、"矩形"、"偏移"、"修剪"和"圆弧"等命令，绘制圆筒及左侧立板的主视图及俯视图，将孔的主视图变为虚线，如图 4-19 所示。

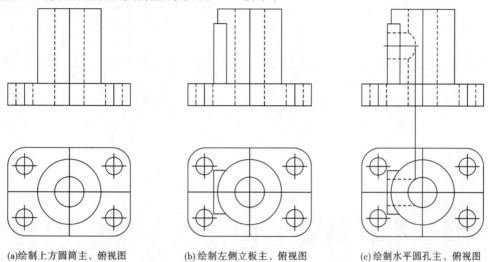

(a)绘制上方圆筒主、俯视图　　　(b)绘制左侧立板主、俯视图　　　(c)绘制水平圆孔主、俯视图

图 4-19　绘制上方圆筒及左侧立板的主、俯视图

（4）绘制形体左视图

复制俯视图后并旋转，用来辅助绘制左视图，保证俯、左视图宽相等。综合运用"偏移""矩形""修剪"等命令及"对象捕捉追踪"功能，绘制形体的左视图，如图 4-20 所示。

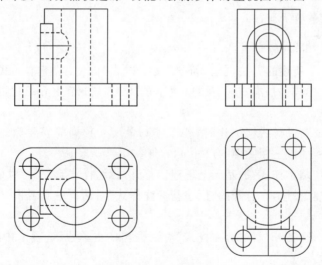

图 4-20　绘制形体左视图

（5）编辑图形

删除辅助图形，调整中心线的长度，并变到相应图层，显示线宽，如图 4-21 所示。

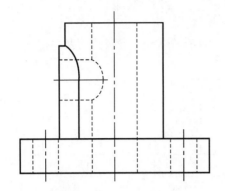
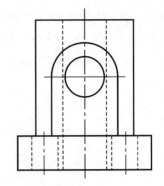

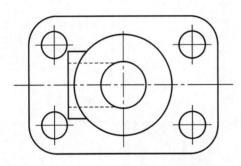

图 4-21　编辑图形

5. 标注尺寸

(1)将"标注"层置为当前

(2)创建文字样式及标注样式

按本单元 4.1 节所述的方法创建"符号"文字样式,再创建"基本样式"、"角度样式"及"非圆样式"等标注样式,"基本样式"及"角度样式"已在 4.1 节中介绍过,此处重点介绍"非圆样式"的创建方法。

设置"非圆样式":进行线性标注时,若系统测量尺寸数据前需要标注符号"ϕ",则可采用此样式进行标注,如该三视图中的尺寸 $\phi14$ 和 $\phi30$。

"非圆样式"在"基本样式"的基础上创建。打开"标注样式管理器"对话框,选择"基本样式",然后单击"新建"按钮,在打开的"创建新标注样式"对话框中命名新样式名称为"非圆样式"。

单击"继续"按钮,打开"新建标注样式"对话框,将"主单位"选项卡中的前缀设为"％％C",如图 4-22 所示。

(3)标注尺寸

①线性标注

将标注样式中的"基本样式"置为当前,输入"线性标注"命令,对尺寸 28、10、45、17、44、60、24、40 进行标注。

②圆和圆弧标注

将标注样式中的"基本样式"或"角度样式"置为当前,输入"半径标注"和"直径标注"命

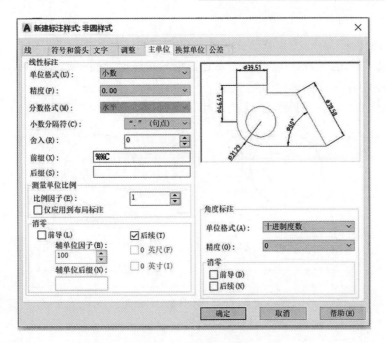

图 4-22　"非圆样式"设置

令,对尺寸 $R8$、$R10$、$\phi12$ 进行标注。

③前缀带 ϕ 的线性标注

将标注样式中的"非圆样式"置为当前,输入"线性标注"命令,对尺寸 $\phi14$ 和 $\phi30$ 进行标注。

④$4×\phi8$ 的标注

将标注样式中的"基本样式"或"角度样式"置为当前,输入"直径标注"命令,AutoCAD 提示:

命令:_dimdiameter

选择圆弧或圆:**选择直径为 8 的圆**

标注文字 = 8

指定尺寸线位置或[多行文字(M)/文字(T)/角度(A)]:**T↙**

输入标注文字 <8>:**4×%%c8**　　　// 在命令行输入"$4×\%\%c8$",其中"$\%\%c$"会
自动变为"ϕ",回车结束输入

指定尺寸线位置或[多行文字(M)/文字(T)/角度(A)]:**单击左键**
// 确定尺寸线位置

至此,完成图形中全部尺寸标注。

6. 保存图形

调用"保存"命令,以"图 4-17"为名保存图形。

补充知识 >>>

编辑尺寸标注:标注尺寸后可以对其进行修改,方法有以下几种:

1. 使用命令修改尺寸标注

使用"倾斜标注"命令,可以修改原尺寸的尺寸界线。默认情况下,AutoCAD 创建与尺寸线垂直的尺寸界线。当尺寸界线过于贴近图形轮廓线时,允许倾斜标注。因此可以修改尺寸界线的角度,实现倾斜标注。

修改如图 4-23(a)所示长度为 11 的尺寸界线,步骤如下:

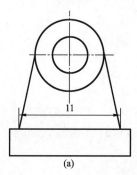 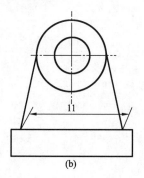

(a)　　　　　　　　　　　　　　(b)

图 4-23　尺寸为 11 的尺寸界线

使用下述任一种方法,启动"倾斜标注"命令:

> 功能区面板:<注释> <标注> <倾斜>
>
> 下拉菜单:[标注][倾斜]
>
> 命令行窗口:DIMEDIT ↙

AutoCAD 提示:

命令:_dimedit

输入标注编辑类型[默认(H)/新建(N)/旋转(R)/倾斜(O)]<默认>:**O** ↙

　　　　　　　　　　　　　　　　　　　　　　　//选择标注编辑类型

选择对象:**选择线性尺寸 11**　　　　　　　　//选择要倾斜标注的尺寸

选择对象:↙　　　　　　　　　　　　　　　　//结束选择

输入倾斜角度(按 Enter 表示无):**60** ↙

倾斜后的标注如图 4-23(b)所示。

2. 利用夹点调整尺寸标注

使用夹点可以非常方便地移动尺寸线、尺寸界线和标注文字的位置。在该编辑模式下,可以通过调整尺寸线两端或标注文字所在处的夹点来调整标注的位置,也可以通过调整尺寸界线夹点来调整标注长度。

例如,要调整如图 4-24(a)所示的轴段尺寸 25 的标注位置以及在此基础上再调整标注长度,可按如下步骤进行操作:

(1)单击尺寸标注 25,这时在该标注上将显示夹点,如图 4-24(b)所示。

(2)单击尺寸线所在处的夹点(3 个夹点任选一个,此处选择左侧夹点),该夹点将被选中。

(3)向下拖动光标,可以看到夹点跟随光标一起移动。

(4)在点 1 处单击,确定新标注位置,如图 4-24(c)所示。

(5)单击该尺寸界线左上端的夹点,将其选中,如图 4-24(c)所示。

(6)向左移动光标,并捕捉到点 2,单击确定捕捉到的点,如图 4-24(d)所示。

(7)按 Enter 键结束操作,则该轴的总长尺寸 75 被注出,如图 4-24(e)所示。

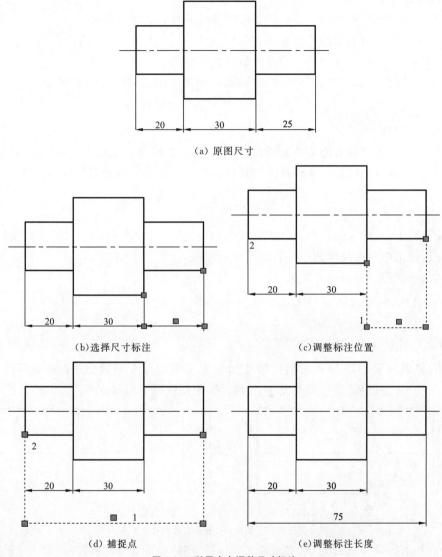

图 4-24　利用夹点调整尺寸标注

3.编辑尺寸标注特性

在 AutoCAD 中,通过"特性"选项板可以了解图形中所有的特性,例如线型、颜色、文字位置以及由标注样式定义的其他特性。因此,可以使用该选项板查看和快速编辑包括标注文字在内的任何标注特性。

打开"特性"选项板的方法如下:

> 功能区面板:＜视图＞＜选项板＞＜特性＞
>
> 下拉菜单:[修改][特性];[工具][选项板][特性]
>
> 命令行窗口:PROPERTIES↙

编辑尺寸标注特性的方法如下:

(1)在图形中选择需要编辑其特性的尺寸标注,如图 4-24(b)所示夹点状态。

（2）选择下拉菜单［修改］［特性］选项，打开"特性"选项板。这时在"特性"选项板中将显示该尺寸标注的所有信息。

（3）在"特性"选项板中可以根据需要修改标注特性，如颜色、线型等。

（4）如果要将修改的标注特性保存到新样式中，可用鼠标右键单击修改后的标注，从弹出的快捷菜单中选择［标注样式］［另存为新样式］选项。

（5）在"另存为新标注样式"对话框中输入新样式名，然后单击"确定"按钮。

提示、注意、技巧

在图形中选择需要编辑其特性的尺寸标注，通过单击鼠标右键，从弹出的快捷菜单中选取"特性"选项来编辑。通过双击尺寸标注也可以达到同样的目的。

4. 标注的关联与更新

通常情况下，尺寸标注和样式是相关联的，当标注样式修改后，使用"标注更新"命令可以快速更新图形中与标注样式不一致的尺寸标注。

启动"标注更新"命令的方法如下：

> 功能区面板：＜注释＞＜标注＞＜更新＞
> 下拉菜单：［标注］［更新］
> 命令行窗口：DIMSTYLE↙

例如，修改如图 4-25 所示的轴径尺寸标注 7，首先以没有前缀的线性标注样式标注完成，然后使用"标注更新"命令修改成 φ7。具体操作可按以下步骤进行：

（a）修改前标注　　　　　　　（b）修改后标注

图 4-25　利用标注更新修改尺寸

（1）选择下拉菜单［格式］［标注样式］命令，打开"标注样式管理器"对话框。

（2）在"样式"列表框中选取"基本样式"并将其置为当前，单击"替代"按钮，在打开的"替代当前样式"对话框中选择"主单位"选项卡。

（3）在"前缀"文本框内输入"％％c"，然后单击"确定"按钮。

（4）在"标注样式管理器"对话框中单击"关闭"按钮。

（5）输入"标注更新"命令。

（6）在图形中单击需要修改其标注的对象。

（7）按 Enter 键结束对象选择，即完成标注的更新。

4.3 绘制轴测图

常用的轴测图有正等轴测图和斜二轴测图。绘制轴测图时也要对图形进行形体分析，分析组合体的组成，然后作图。

利用 AutoCAD 绘制正等轴测图时，专门设置了"等轴测捕捉"的栅格捕捉样式。而画斜二轴测图时利用 45°的极轴追踪很容易绘制。所以这里只介绍正等轴测图的绘制方法。

任务：绘制如图 4-26 所示的轴测图，两个方向的孔分别位于相应面的中心位置。

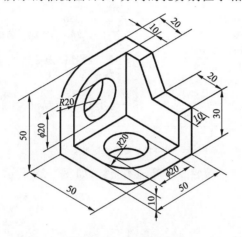

图 4-26 轴测图

目的：通过绘制此图形，熟悉轴测图的绘制方法和技巧。

图形分析：该图形是一个正等轴测图。水平方向是一个长方体的板，其上开一个圆形通孔，并倒有圆角。正立面结构与水平面相同。侧立面上用一个水平面和一个侧垂面截去一个角。

绘图步骤分解：

1.新建图形

创建一张新图，选择默认设置。

2.设置对象捕捉

绘制该图形时，会常用到"端点"、"中点"、"交点"、"圆心"和"象限点"，打开"草图设置"对话框，选择"对象捕捉"选项卡，设置以上捕捉选项。

3.设置图层

该图形只用到了粗实线，所以可以只设置一个"粗实线"层，线型为 Continuous，线宽为0.50 mm。

4.设置捕捉类型

在状态栏的"捕捉模式"或"栅格"按钮上单击鼠标右键，在弹出的快捷菜单中选择"捕捉设置"或"网格设置"选项，打开"草图设置"对话框，在"捕捉和栅格"选项卡上设置"捕捉类型"为"等轴测捕捉"，如图 4-27 所示。

图 4-27　设置捕捉类型

单击"确定"按钮,此时光标变成了等轴测光标,如图 4-28 所示。光标方向可通过 F5 键切换。

等轴测左　　　　　　　　　　等轴测上　　　　　　　　　　等轴测右

图 4-28　等轴测光标

5. 绘制水平底板

(1)绘制上表面

按 F5 键,将光标切换至"等轴测上"状态,调用"直线"命令,打开"正交"功能,在屏幕上任意一点单击,确定点 A,向右上移动光标,输入长度值 40,回车确定点 B。再向右下移动光标,输入长度值 40,回车确定点 C。依次类推,画出上表面的菱形,如图 4-29 所示。

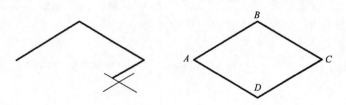

图 4-29　绘制上表面

（2）绘制左表面

按 F5 键，将光标切换至"等轴测左"状态。调用"直线"命令，捕捉点 A，向下移动光标，给出距离 10，回车确定点 E。向右下移动光标，给定距离 40，回车确定点 F，向上移动光标，捕捉端点 D，完成左侧面 $AEFD$ 的绘制，如图 4-30(a)所示。

（3）绘制前表面

按 F5 键，将光标切换至"等轴测右"状态。以同样的方法，绘制前表面线 FGC，得前表面 $FGCD$，如图 4-30(b)所示。

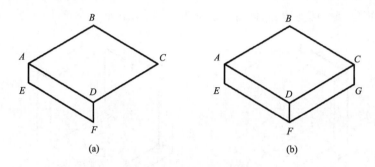

　　　　　　(a)　　　　　　　　　　　　　　(b)

图 4-30　绘制左表面、前表面

6.绘制右侧、后侧立板

（1）按 F5 键，切换光标方向，按尺寸要求绘制右侧、后侧立板的内侧轮廓线，再绘制外侧轮廓线。

（2）删除 AE、CG 处线段，如图 4-31 所示。

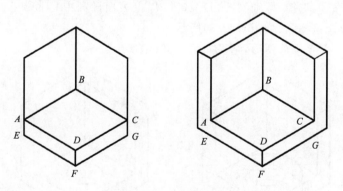

图 4-31　绘制立板

7.绘制底面圆孔

（1）确定椭圆中心

调整光标至"等轴测上"状态，调用"直线"命令，连接 AB、CD 的中点和 AD、BC 的中点，连线的交点 O 为圆孔在上表面的中心。

（2）绘制椭圆

选择下拉菜单[绘图][椭圆][轴、端点]命令，AutoCAD 提示：

命令:_ellipse

指定椭圆轴的端点或［圆弧(A)/中心点(C)/等轴测圆(I)］:**I**↙　　//绘制等轴测圆
指定等轴测圆的圆心:**捕捉交点 O**
指定等轴测圆的半径或［直径(D)］:**10**↙　　　　　　　　//上表面椭圆完成

(3)绘制下底面椭圆

调整光标至"等轴测左"或"等轴测右"状态,"正交"功能处于打开状态,调用"复制"命令,向下 10 个单位复制刚刚绘制的椭圆,如图 4-32(a)所示。

(4)修改图形

删除确定中心的辅助直线。

再以上表面椭圆为修剪边界,修剪下底面椭圆线,结果如图 4-32(b)所示。

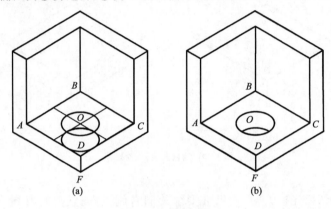

图 4-32　绘制椭圆

8.绘制底面圆角

调用"椭圆"命令,选择"等轴测圆(I)"选项,以上表面椭圆中心为圆心,绘制半径为 20 的椭圆,再向下复制该椭圆,如图 4-33(a)所示。

再调用"修剪"命令修剪图形,结果如图 4-33(b)所示。

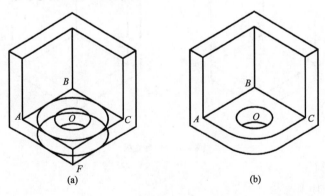

图 4-33　绘制底面圆角

提示、注意、技巧

　　此处不能用"圆角"命令,因为轴测图中的圆角是椭圆弧,而用"圆角"命令所绘制的弧线为圆弧。

9. 绘制后侧立面的圆孔和圆角

调整光标至"等轴测右"状态,用前面的方法绘制圆孔和圆角,结果如图 4-34 所示。

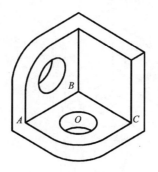

图 4-34　绘制后侧立面结构

10. 绘制右侧立面结构

(1)将光标调整至"等轴测右"状态,"正交"功能处于打开状态,调用"直线"命令,捕捉端点 P,向上 30 个单位,绘制直线 PH,向左 10 个单位,确定点 I,按 F5 健,调整光标至"等轴测左"状态,向左上移动光标,给定距离 20 个单位,确定点 J。

(2)再调用"直线"命令,将光标调整至"等轴测上"状态,捕捉点 Z,向右下移动光标,给定距离 20 个单位,确定点 M,再向左下移动光标,给定距离 10,确定点 N[图 4-35(a)],按 F8 键,关闭"正交"功能,捕捉点 J,完成折线 $ZMNJ$ 的绘制。

(3)调用"直线"命令,捕捉点 H,打开"正交"功能,给定距离 20,绘制 HK,按 F8 键,关闭"正交"功能,捕捉点 M,完成 HKM 的绘制。

(4)调用"直线"命令,连接 JK。结果如图 4-35(b)所示。

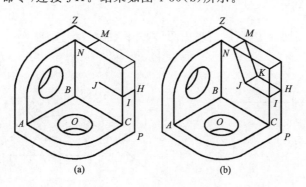

(a)　　　　　　　　　(b)

图 4-35　绘制右侧立面结构

提示、注意、技巧

　　直线 HI 与 PF 的距离为 30 个单位,在轴测图中不能用偏移复制方法获得。因为偏移复制所给的距离为原直线与偏移复制的直线间的垂直距离,如图 4-36 所示。

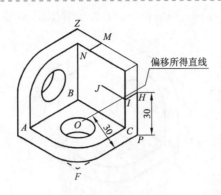

图 4-36 轴测图中偏移直线

11. 编辑整理图形

删除直线 ZM、PH，用"修剪"命令修剪图形。完成图形如图 4-26 所示。

12. 保存图形

调用"保存"命令，以"图 4-26"为名保存图形。

习 题

一、基础题

1. 绘制图 4-37～图 4-44 所示的平面图形，并标注尺寸。

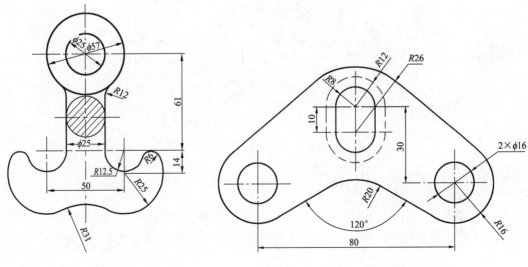

图 4-37 基础题 1(1)　　　　　　　图 4-38 基础题 1(2)

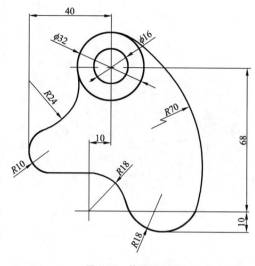

图 4-39　基础题 1(3)

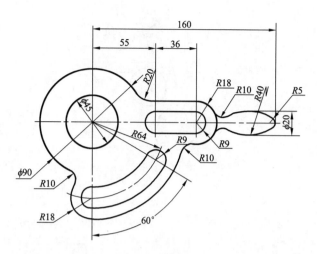

图 4-40　基础题 1(4)

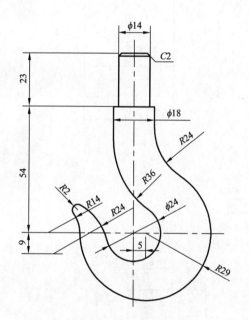

图 4-41　基础题 1(5)

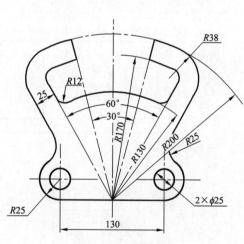

图 4-42　基础题 1(6)

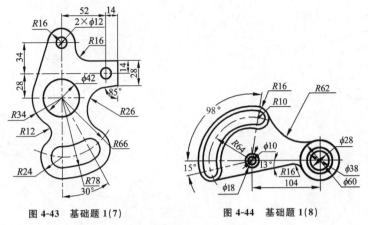

图 4-43 基础题 1(7)   图 4-44 基础题 1(8)

2.绘制图 4-45～图 4-47 所示的三视图,并标注尺寸。

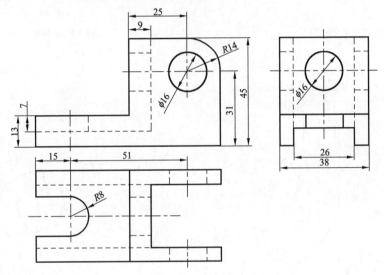

图 4-45 基础题 2(1)

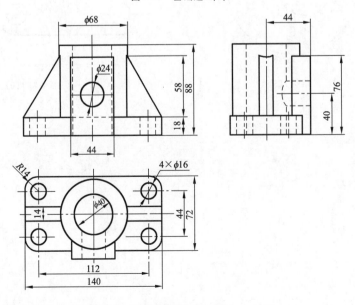

图 4-46 基础题 2(2)

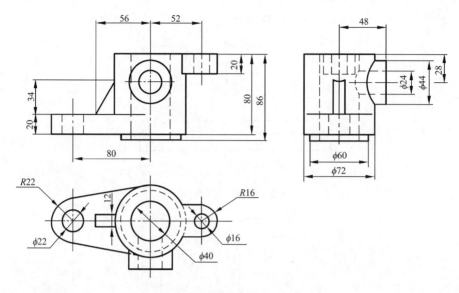

图 4-47 基础题 2(3)

二、拓展题

1.绘制图 4-48、图 4-49 所示的平面图形,并标注尺寸。

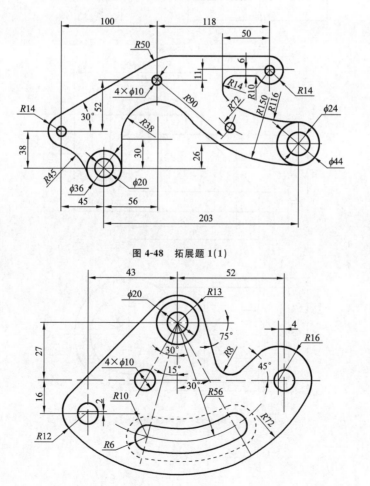

图 4-48 拓展题 1(1)

图 4-49 拓展题 1(2)

2.绘制图 4-50～图 4-52 所示的两视图,补出第三视图,并标注尺寸。

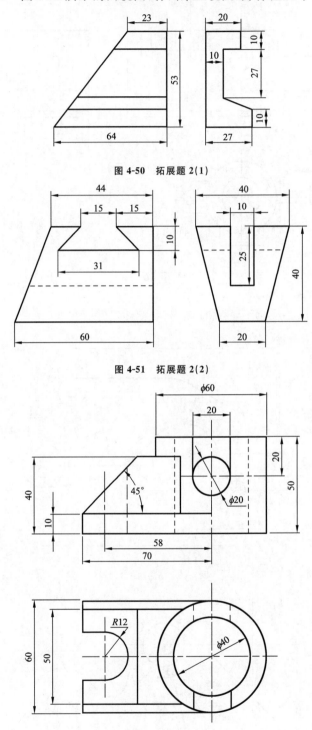

图 4-50   拓展题 2(1)

图 4-51   拓展题 2(2)

图 4-52   拓展题 2(3)

3. 绘制图 4-53～图 4-55 所示的图形,不标注尺寸。

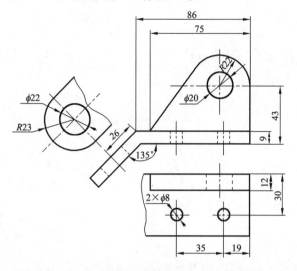

图 4-53　拓展题 3(1)

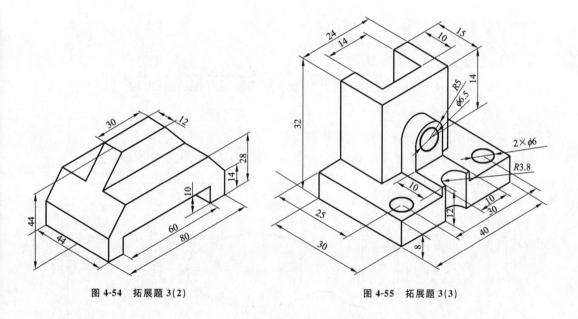

图 4-54　拓展题 3(2)　　　　　　　　图 4-55　拓展题 3(3)

单元5
绘制零件图实例

学习要点

本单元通过典型零件图的绘制，介绍文字标注、尺寸标注、块、样板图与设计中心等知识，旨在使用户掌握零件图的绘制方法。

素养提升

培养学生良好的文化情操、高贵的思想品质及朴素的职业道德修养，具备脚踏实地、锲而不舍的自强不息精神。

思政微课堂

5.1 文字输入与样板图的创建

任务：绘制如图 5-1 所示的手柄零件图。

目的：通过此任务，掌握文字标注、尺寸标注等知识，掌握机械图样的绘制方法。

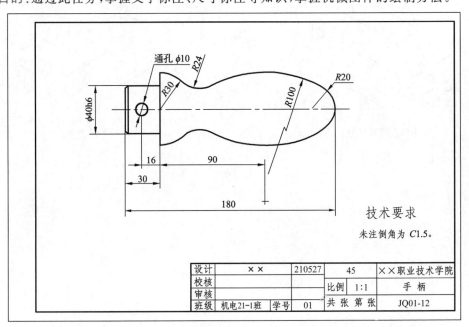

图 5-1　手柄零件图

绘图步骤分解

1.新建图纸

新建一张图纸,绘图单位选择"公制",根据该图形的尺寸,图纸区域取系统的默认值 A3(420×297)。

2.创建图层

按需要创建如图 5-2 所示的图层。

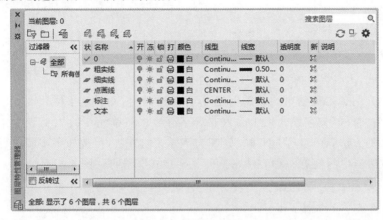

图 5-2　创建图层

3.绘制边框

绘制两个矩形,为 A3 图纸的大小和边框线,粗、细实线应设在不同的图层上,尺寸如图 5-3 所示。

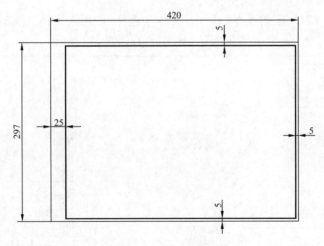

图 5-3　A3 图纸的边框线

4.绘制标题栏

（1）画出标题栏

使用"矩形"命令在"粗实线"层绘制 180×30 的矩形。

使用"分解"命令将矩形分解,再使用"偏移"命令复制出标题栏的内部直线,之后使用"修剪"命令修剪图线,最后将内部的图线调整到"细实线"层,如图 5-4 所示。

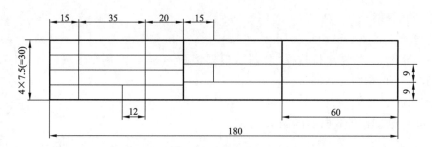

图 5-4　标题栏

（2）填充文字

①创建文字样式

本书单元 4 中介绍了工程图中一般需创建"汉字"和"符号"两种文字样式。"汉字"文字样式用于输入汉字；"符号"文字样式用于输入非汉字符号。在单元 4 的 4.1 节中介绍了创建"符号"文字样式的方法，在此学习创建"汉字"文字样式的方法，可按如下步骤进行操作。

● 可用以下方法当中的任意一种方法，打开"文字样式"对话框（图 4-3）。

```
功能区面板：＜默认＞＜注释＞＜文字样式＞
下拉菜单：[格式][文字样式]
命令行窗口：STYLE↙
```

● 在该对话框中单击"新建"按钮，打开"新建文字样式"对话框，在"样式名"文本框中输入文字样式名称"汉字"。

● 单击"确定"按钮，返回"文字样式"对话框。

在"字体"选项组中，字体选择"gbenor.shx"，选择"使用大字体"复选框，大字体样式为"gbcbig.shx"，高度为 0.0000，宽度因子为 1.0000，如图 5-5 所示。

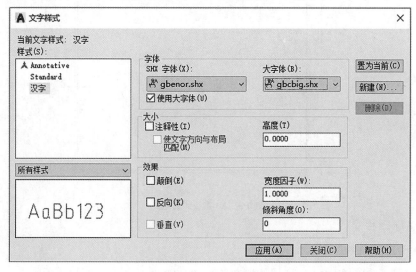

图 5-5　设置字体

提示、注意、技巧

　　　选择"使用大字体"复选框,可创建支持汉字等大字体的文字样式,此时"大字体"下拉列表框被激活,从中选择大字体样式,用于指定大字体的格式,如汉字等大字体,常用大字体样式为"gbcbig.shx"。

　　　"高度":用于设置输入文字的高度。若设置为0.0000,输入文字时将提示指定文字高度。

● 单击"应用"按钮,将对文字样式进行的设置应用于当前图形。
● 单击"关闭"按钮,保存样式设置。

②填写图名文字"手柄"

将图层切换到"文本"层。确定"汉字"文字样式为当前文字样式。

画出辅助对角线 MN。

采用单行文字填写标题栏。注写单行文字的步骤如下:

功能区面板:<默认> <注释> <单行文字>
下拉菜单:[绘图][文字][单行文字]
命令行窗口:DTEXT(DT)↙

输入"单行文字"命令,AutoCAD 提示:

命令:_text　　　　　　　　　　//调用"单行文字"命令

当前文字样式:"汉字"　文字高度:2.5000　注释性:否

指定文字的起点或[对正(J)/样式(S)]:**J**↙

输入选项[对齐(A)/布满(F)/居中(C)/中间(M)/右对齐(R)/左上(TL)/中上(TC)/右上(TR)/左中(ML)/正中(MC)/右中(MR)/左下(BL)/中下(BC)/右下(BR)]:**MC**↙

　　　　　　　　　　　　　　　　//选择"正中(MC)"选项

指定文字的中间点:　　　　　　//捕捉 MN 中点

指定高度 <2.5000>:7✓　　　　//给定文字高度

指定文字的旋转角度 <0>:↙　　//选择默认旋转角度

然后输入"手柄"两个字,如图 5-6 所示,回车两次,结束命令。删除直线 MN。

注意:"手柄"两个字中间有一个空格,如书写时没有加,可双击"手柄"文字,重新编辑,加上空格,否则文字太密,不协调。

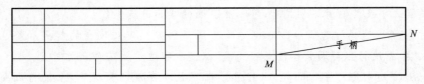

图 5-6　填写图名

③填写"设计"文字

先绘制相应的辅助线,与 MN 类似。

输入"单行文字"命令,AutoCAD 提示:

命令:_text

当前文字样式:"汉字"　当前文字高度:7.0000　注释性:否

指定文字的起点或[对正(J)/样式(S)]:**J**✓

输入选项[对齐(A)/布满(F)/居中(C)/中间(M)/右对齐(R)/左上(TL)/中上(TC)/右上(TR)/左中(ML)/正中(MC)/右中(MR)/左下(BL)/中下(BC)/右下(BR)]:**MC**✓

　　　　　　　　　　　　　　　//选择"正中(MC)"选项

指定文字的中间点:　　　　　　//捕捉辅助线中点

指定高度<7.0000>:**5**✓　　　//给定新的高度值

指定文字的旋转角度<0>:✓

输入"设计"两个字,回车两次,结束命令。删除相应的辅助线。

④填写其他文字

可以利用上述方法,将光标置于其他格中,填写其他文字。我们这里介绍利用"复制"和"编辑"的方法,这样填写文字更加方便。

调用"复制"命令,以"设计"所在格的左上角点为基准点,复制出如图 5-7 所示位置的文字,然后将复制的"设计"双击或通过右键快捷菜单"特性"命令修改,进入编辑文字状态,即可对要修改的文字内容进行修改。

设计				
设计				
设计			手　柄	
设计				

图 5-7　复制"设计"

用类似的方法填写完标题栏,如图 5-8 所示。

设计	××	210527	45		××职业技术学院
校核					
审核			比例	1:1	手　柄
班级	机电 21-1 班	学号 01	共　张　第　张		JJ01-12

图 5-8　填写标题栏

提示、注意、技巧

　　设置文字及其他对齐方式时,可参照下面的提示进行操作:

　　对齐(A):选择该选项后,AutoCAD 将提示用户确定文字行的起点和终点。输入结束后,系统将自动调整各行文字高度,以使文字适于放在两点之间。

　　布满(F):确定文字行的起点、终点。在不改变高度的情况下,系统将调整宽度因子,以使文字适于放在两点之间。

左上(TL)：文字对齐在第一个文字单元的左上角点。

左中(ML)：文字对齐在第一个文字单元左侧的垂直中点。

左下(BL)：文字对齐在第一个文字单元的左下角点。

正中(MC)：文字对齐在文字行垂直中点和水平中点。

中上(TC)：文字的起点在文字行顶线的中间，文字向中间对齐。

居中(C)：文字的起点在文字行基准底线的中间，文字向中间对齐。

另外，文字注写默认的选项是"左上(TL)"方式。其余各选项的释义留给读者自行实践，不再详述。

5. 绘制图形

按前面所学知识绘制图形，此处省略。

6. 标注尺寸

(1)参考单元4中尺寸标注的设置与标注方法标注图中各尺寸(R100除外)。

(2)标注尺寸R100。

采用下述方法中的一种启用"折弯标注"命令：

功能区面板：＜默认＞＜注释＞＜折弯＞
下拉菜单：[标注][折弯]
命令行窗口：DIMJOGGED↙

AutoCAD提示：

命令：_dimjogged

选择圆弧或圆：**拾取圆弧**　　　　//选择圆弧上一点

指定图示中心位置：**拾取一点**　　//不要选在圆心上

标注文字 ＝ 100

指定尺寸线位置或[多行文字(M)/文字(T)/角度(A)]：**拾取一点**

　　　　　　　　　　　　　　　//指定文字位置

指定折弯位置：**拾取一点**　　　　//指定折弯位置

7. 书写技术要求

图样的技术要求可使用单行文字输入，也可使用多行文字输入。使用多行文字可以创建较为复杂的文字说明。在 AutoCAD 中，多行文字的编辑是通过多行文字格式编辑器来完成的。多行文字格式编辑器相当于 Windows 的写字板，包括一个"文字编辑器"选项卡(位于功能区)和一个文字输入编辑框，可以方便地对文字进行录入和编辑。

(1)输入多行文字

功能区面板：＜默认＞＜注释＞＜多行文字＞
下拉菜单：[绘图][文字][多行文字]
命令行窗口：MTEXT(MT)↙

执行上述任一操作输入"多行文字"命令后,AutoCAD 提示:

命令:_mtext

当前文字样式:"汉字"　文字高度:7　注释性:否

指定第一角点:**单击一点**　　　　　　//在绘图区域中要注写文字处指定第一角点

指定对角点或[高度(H)/对正(J)/行距(L)/旋转(R)/样式(S)/宽度(W)/栏(C)]:**单击指定对角点**　　　　　　　　//在绘图区域中要注写文字处指定另一对角点

执行默认选项"指定对角点"后,AutoCAD 将以指定的两个点作为对角点所形成的矩形区域作为文字行的宽度,在功能区弹出"文字编辑器"选项卡,在绘图区弹出文字输入编辑框,如图 5-9 所示。输入文字的具体操作步骤如下:

图 5-9　"文字编辑器"选项卡及文字输入编辑框

①在"文字编辑器"选项卡中,可选择"样式""字体""文字高度"等;同时还可以对输入的文字进行加粗、倾斜、加下划线、加上划线、文字颜色等设置;可对段落设置不同的对齐方式,并可用字母、数字、项目符号标记给文字添加编号等;可对输入的字符进行字符间距设置和字符缩放操作。

②在文字输入编辑框中使用 Windows 文字输入法输入文字内容。

③输入特殊文字和字符

在文字输入编辑框中单击鼠标右键,在弹出的快捷菜单中将鼠标置于"符号"选项,展开"符号"子菜单;或直接单击"文字编辑器"选项卡"插入"面板上的"符号"按钮,同样可展开"符号"子菜单。如果子菜单中给出的符号不能满足要求,可单击"其他"选项,利用"字符映射表"对话框进行操作。

(2)编辑多行文字

编辑多行文字的方法比较简单,可双击在图样中已输入的多行文字,或者选中在图样中已输入的多行文字,单击鼠标右键,从弹出的快捷菜单中选择"编辑多行文字"命令,打开多行文字格式编辑器,然后编辑文字。

至此,完成手柄零件图的绘制。

8.保存图形

调用"保存"命令,以"手柄零件图"为名保存图形。

补充知识 >>>

1.创建与使用样板图

(1)创建样板图

当使用 AutoCAD 创建一个图形文件时,通常需要先对图形进行一些基本的设置,诸如绘图单位、角度、区域等。AutoCAD 为用户提供了三种设置方式:使用样板、使用缺省设置、使用向导。

　　使用样板,其实是调用预先定义好的样板图。样板图是一种包含有特定图形设置的图形文件(扩展名为 dwt)。

　　如果使用样板图来创建新的图形,则新的图形继承了样板图中的所有设置。这样就避免了大量的重复设置工作,而且也可以保证同一项目中所有图形文件的标准统一。新的图形文件与所用的样板文件是相对独立的,因此新图形中的修改不会影响样板文件。

　　AutoCAD 系统为用户提供了风格多样的样板文件,在默认情况下,这些样板文件存储在易于访问的 Template 文件夹中。用户可在"创建新图形"对话框中使用这些样板文件,如图 5-10 所示。如果用户要使用的样板文件没有存储在 Template 文件夹中,则可单击"浏览"按钮,打开"选择样板文件"对话框来查找样板文件,如图 5-11 所示。

图 5-10　"创建新图形"对话框

图 5-11　"选择样板文件"对话框

　　除了使用 AutoCAD 提供的样板,用户也可以创建自定义样板文件,任何现有图形都可作为样板。下面介绍创建样板文件的方法。

①设置图幅

选择下拉菜单［文件］［新建］命令，打开"创建新图形"对话框，单击"使用向导"按钮。

利用"快速设置"或"高级设置"，设定单位为"小数"、精度为"0.0000"、作图区域为"420×297"(A3)，其他选项执行默认设置。执行"全局缩放"命令，使 A3 图幅全屏显示。

②建立图层

按需要创建如图 5-12 所示的图层，并设定颜色及线型。注意：图层的颜色可以随意设置，但线型必须按标准设定。

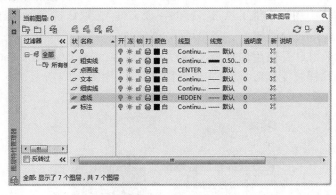

图 5-12　图层的设置

③设置文本样式

汉字样式：用于输入汉字，字体选择"gbenor.shx"，选择"使用大字体"复选框，大字体样式为"gbcbig.shx"。

符号样式：用于输入非汉字符号，字体选择"gbenor.shx"。

④设置标注样式

标注样式主要包括基本样式、角度样式、非圆样式、公差样式（公差样式将在本单元 5.3 节中介绍）等。

⑤保存图形文件

选择［文件］［另存为］选项，打开"图形另存为"对话框。设置"文件类型"为"AutoCAD 图形样板(＊.dwt)"，在"文件名"文本框中输入样板文件的名称"样板图"，如图 5-13 所示。

图 5-13　"图形另存为"对话框

单击"保存"按钮,打开"样板选项"对话框,如图 5-14 所示,在"说明"文本框中输入文字"AutoCAD 样板图",单击"确定"按钮。

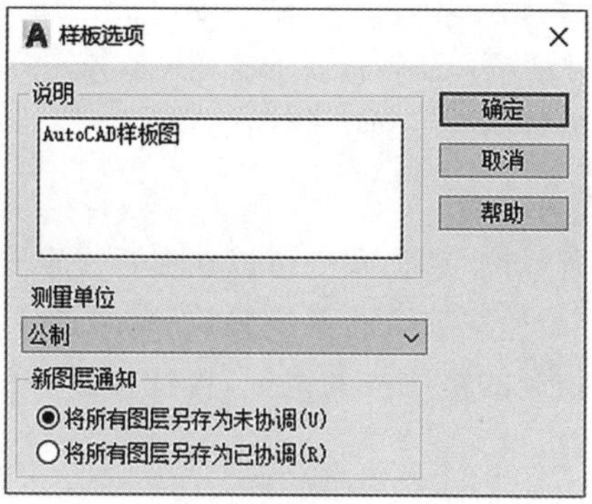

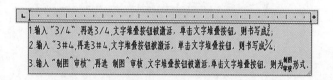

图 5-14　"样板选项"对话框

（2）使用样板图

调用样板图的方法：

①新建图形,在弹出的"创建新图形"对话框中单击"使用样板"按钮。

②选择文件"样板图.dwt",双击打开样板图,可在其中进行绘图。

2. 在"多行文字"中创建特殊字符与特效

（1）在"多行文字"中创建堆叠文字

文字堆叠的形式有三种,第一种是水平堆叠,有分数线形式,如"$\frac{2}{3}$";第二种是水平堆叠,中间无分数线的形式,如"$\frac{制图}{审核}$";第三种是斜分数的形式,如"3/4"。

可利用"堆叠"按钮创建堆叠文字。其操作过程及效果如图 5-15 所示。

图 5-15　文字的堆叠

（2）输出特殊符号

同单行文字一样,在文字输入编辑框中输入"％％d""％％p""％％c",可以在图样中输出特殊符号"°""±""ϕ"。

（3）字符映射的使用

在对多行文字进行格式编辑时,如果选择右键快捷菜单中的"其他"选项,将打开"字符映射表"对话框,利用该对话框可以插入更多的字符。

（4）插入大段文字

当需要输入的文字很多时，我们可以用记事本书写成 TXT 文档，然后将其插入到图形文件中。方法是：在文字输入编辑框中单击鼠标右键，在弹出的快捷菜单中选择"输入文字"选项，系统弹出"选择文件"对话框，选中需要的文件（事先写好的 TXT 文档）后，单击"打开"按钮，就可将大段已经编辑好的文字插入当前的图形文件。

（5）设置背景遮罩

当输入的文字需要添加背景颜色时，我们可以在多行文字输入编辑框中单击鼠标右键，在弹出的快捷菜单中选择"背景遮罩"选项，系统弹出"背景遮罩"对话框，选择"使用背景遮罩"复选框，"边界偏移因子"控制的是遮罩的范围，再选择适合的背景颜色，如"黄"色，单击"确定"按钮即完成背景的设置。

（6）对正编辑

利用功能区"文字编辑器"选项卡中的各种对正按钮，可以方便地设置各种对齐方式。

5.2　块的建立与样板图的应用

任务：绘制如图 5-16 所示的扳手零件图。

目的：通过此任务，熟悉块的创建与使用方法，进一步掌握文字标注、尺寸标注等知识，掌握样板图的使用方法。

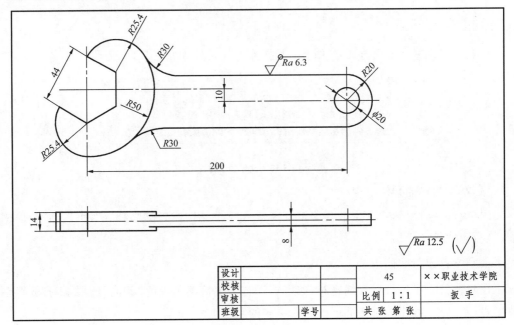

图 5-16　扳手零件图

绘图步骤分解：

1. 新建文件

选择下拉菜单[文件][新建]命令，在弹出的"创建新图形"对话框中单击"使用样板"按钮，如图 5-17 所示，打开"样板图.dwt"文件。

2. 绘制边框线

绘制 400×277 的矩形，作为 A3 图纸的边框线。

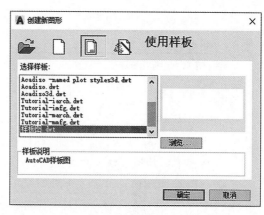

3. 绘制标题栏

按图 5-4 所示尺寸绘制标题栏，并填写相应文字。

4. 绘制图形

利用前面所学知识，绘制扳手零件的两视图。

5. 标注尺寸

利用前面所学知识，标注图中尺寸。

图 5-17 "使用样板图"选项

尺寸 44 的标注方法如下：

采用下述方法中的一种启用"对齐标注"命令：

功能区面板：<默认> <注释> <对齐>
下拉菜单：[标注][对齐]
命令行窗口：DIMALIGNED ↙

AutoCAD 提示：

命令：_dimaligned

指定第一条尺寸界线原点或 <选择对象>：**捕捉交点**　　　//指定第一条尺寸界线原点

指定第二条尺寸界线原点：**捕捉交点**　　　//指定第二条尺寸界线原点

指定尺寸线位置或[多行文字(M)/文字(T)/角度(A)]：**在放置尺寸线的位置单击**

//指定尺寸线位置

6. 标注表面粗糙度

为了使表面粗糙度符号能在其他图中使用，可将其建成块，这样当需要时直接插入即可。建块及插入块的方法如下：

(1)新建一个绘制表面粗糙度符号的文件(图 5-18)

$\sqrt{Ra\,1.6}$

表面粗糙度基本图形符号的尺寸参见国家标准 GB/T 131—2006《产品几何技术规范(GPS) 技术产品中表面结构的

图 5-18 表面粗糙度的符号

表示法》，如图 5-19 所示，尺寸 d'、H_1、H_2 等与图样上的轮廓线宽度和数字高度等相互关联，见表 5-1。

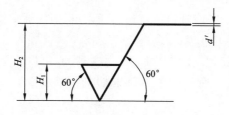

图 5-19 表面粗糙度基本图形符号的尺寸

表 5-1	表面粗糙度基本图形符号的尺寸						mm
数字和字母高度 h	2.5	3.5	5	7	10	14	20
符号线宽 d'	0.25	0.35	0.5	0.7	1	1.4	2
字母线宽 d							
高度 H_1	3.5	5	7	10	14	20	28
高度 H_2(最小值)	7.5	10.5	15	21	30	42	60

注：H_2 取决于标注内容；字母线宽是指标注的表面结构参数的线宽。

（2）块的创建

具体操作过程如下：

> 功能区面板：＜默认＞＜块＞＜创建＞
>
> 下拉菜单：［绘图］［块］［创建］
>
> 命令行窗口：BLOCK ↙ 或 BMAKE ↙ 或 B ↙

用上述方法中的任一种方法输入"创建块"命令后，弹出如图 5-20 所示的"块定义"对话框。

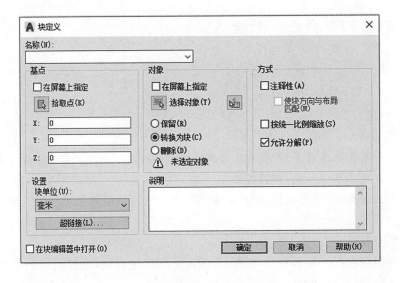

图 5-20 "块定义"对话框

①在"名称"文本框中输入块的名称，此处输入"表面粗糙度"。

说明：单击"名称"下拉列表框右侧的下拉箭头，打开下拉列表，该下拉列表中显示了当前图形的所有图块。

②单击"拾取点"按钮，"块定义"对话框消失，选取表面粗糙度符号下面尖点后，"块定义"对话框再次出现。

说明：理论上，用户可以任意选取一点作为插入点，但实际的操作中，建议用户选取实体的特征点作为插入点，如中心点、右下角等。

③单击"选择对象"按钮，"块定义"对话框再次消失，选取整个表面粗糙度符号，结束选择后，"块定义"对话框再次出现。此时，对话框如图 5-21 所示。

图 5-21　"块定义"对话框的设置

说明:在"对象"选项组中有如下几个选项:保留、转换为块和删除。它们的含义如下:

保留:保留显示所选取的要定义块的实体图形。

转换为块:选取的实体转化为块。

删除:删除所选取的实体图形。

④块单位的设置:单击"块单位"下拉列表框右侧的下拉箭头,打开下拉列表,用户可从中选取所插入块的单位。

⑤说明:用户可以在"说明"文本框中详细描述所定义图块的资料。

单击"确定"按钮,完成块的创建。

(3)块的输出

用上述方法创建的块只能在创建它的图形中应用,而有时用户需要调用别的图形中所定义的块。AutoCAD 提供一个 WBLOCK 命令来解决这个问题。把定义的块作为一个独立图形文件写入存储器中,可供其他图形使用。输出块文件的方法如下:

在命令行中输入 WBLOCK(或 W)后回车,弹出"写块"对话框。

①在"源"选项组中选择"块"单选项,单击右边下拉列表框中的下拉箭头,在下拉列表中选择刚创建的名为"表面粗糙度"的块。

②在"目标"选项组中设置输出的"文件名和路径"以及"插入单位"。本任务设置如图 5-22 所示。

单击"确定"按钮,完成写块操作。

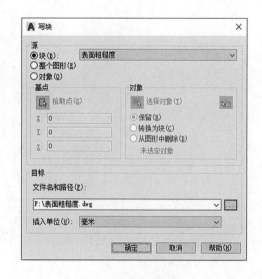

图 5-22　"写块"对话框

提示、注意、技巧

　　用户在执行WBLOCK命令时，不一定先定义一个块，只要直接将所选的图形实体作为一个图块保存在存储器上即可。

（4）块的插入

打开先绘制好的图形，插入表面粗糙度符号，用户可以通过如下方法中任意一种来启动"插入块"命令。

> 功能区面板：＜默认＞＜块＞＜最近使用的块＞
> 下拉菜单：［插入］［块选项板］
> 命令行窗口：INSERT ↙

输入"插入块"命令后，弹出"块"选项板，如图5-23所示。在"最近使用"选项卡中找到刚建好的"表面粗糙度"块文件，将其拖进要插入的文件。

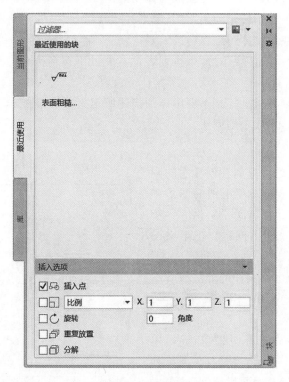

图 5-23　"块"选项板

说明：若选择"分解"复选框，则AutoCAD在插入块的同时分解块对象。

提示、注意、技巧

　　此任务中表面粗糙度符号分别是 √Ra 6.3 和 √Ra 12.5 ，可将插入的表面粗糙度符号 √Ra 1.6 分解后再进行修改。表面粗糙度"其余"符号（√）可采用文字输入中的括号及对表面粗糙度符号分解后进行编辑来完成。

　　至此，完成"扳手"零件图的绘制。

7. 保存图形

　　调用"保存"命令，以"扳手零件图"为名保存图形。

补充知识 ＞＞＞

1. 带属性的块的创建方法及应用

　　用上述方法创建的块文件，在插入时块的内容是不变的，图中各加工表面的表面粗糙度不同，可以创建带属性的块来实现。

　　属性类似于商品的标签，包含了图块所不能表达的其他各种文字信息，如材料、型号和制造者等，存储在属性中的信息一般称为属性值。当用 BLOCK 命令创建块时，将已定义的属性与图形一起生成块，这样块中就包含属性了。

　　属性是块中的文本对象，它是块的一个组成部分。属性从属于块，当利用"删除"命令删除块时，属性也随之被删除了。

　　属性有助于用户快速产生关于设计项目的信息报表，或者作为一些符号块的可变文字对象。属性也常用来预定义文本位置、内容或提供文本缺省值等，例如把标题栏中的一些文字项目定制成属性对象，就能方便地填写或修改。

　　下面通过表面粗糙度符号的创建，来说明带属性的块的创建方法及应用。

　　（1）定义块的属性

　　①新建一个文件，绘制表面粗糙度符号，如图 5-24 所示。
具体尺寸如图 5-19 所示。

　　②启动"定义属性"命令，方法如下：

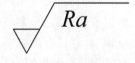

图 5-24　表面粗糙度符号

功能区面板：＜默认＞＜块＞＜定义属性＞
下拉菜单：[绘图][块][定义属性]
命令行窗口：ATTDEF↙

　　执行"定义属性"命令后，系统弹出"属性定义"对话框，在"标记"文本框中输入 A，它主要用来标记属性，也可用来显示属性所在的位置。在"提示"文本框中输入"表面粗糙度的值"，它是插入块时命令行显示的输入属性的提示。在"默认"文本框中输入 1.6，这是属性值的默认值，一般把最常出现的数值作为默认值。设置好的"属性定义"对话框如图 5-25 所示。

图 5-25　设置好的"属性定义"对话框

③根据实际情况确定"文字设置"选项组的内容。

④单击"确定"按钮,对话框消失,选取表面粗糙度符号 *Ra* 右边一点来指定属性值所在的位置,表面粗糙度符号变为如图 5-26 所示的图形。

图 5-26　属性标记

说明:"属性定义"对话框的"模式"设置区中各选项的含义如下:

不可见:控制属性值在图形中的可见性。如果想使图形中包含属性信息,但不想使其在图形中显示出来,就选中这个选项。

固定:选中该选项,属性值将为常量。

验证:设置是否对属性值进行校验。若选择此选项,则插入块并输入属性值后,AutoCAD 将再次给出提示,让用户校验输入值是否正确。

预设:该选项用于设定是否将实际属性值设置成默认值。若选中此选项,则插入块时,AutoCAD 将不再提示用户输入新属性值,实际属性值等于"默认"文本框中的默认值。

锁定位置:锁定块参照中属性的位置。解锁后,属性可以相对于使用夹点编辑的块的其他部分移动,并且可以调整多行文字属性的大小。

多行:指定属性值可以包含多行文字。选定此选项后,可以指定属性的边界宽度。

（2）建立带属性的块

执行"创建块"命令,打开"块定义"对话框,"块定义"对话框的设置如图 5-27 所示。块的"基点"设在三角形的底端顶点处,"对象"选择为整个图形和属性。单击"确定"按钮,打开"编辑属性"对话框,可以进一步对块的属性值进行修改。单击"确定"按钮,一个有属性的块就生成了。

（3）块的输出

在命令行中输入 WBLOCK(或 W)后回车,打开"写块"对话框,在"目标"选项组内设置"文件名和路径"及"插入单位",将刚建好的带属性的块输出,以便在其他图形中使用。

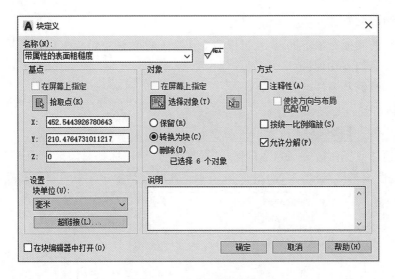

图 5-27 "块定义"对话框的设置

（4）插入带属性的块

①打开需要插入表面粗糙度符号的图形文件。

②执行"插入块"命令，弹出"块"选项板，选择定义好的带属性的块进行插入。

提示、注意、技巧

（1）零件图中的标题栏也可创建成带属性的块，以便应用于其他图形中，详见
6.2 节内容。

（2）插入图块时，图块的插入位置可以利用"捕捉"或"对象捕捉追踪"功能进行
确定。

2. 有关块属性的编辑

（1）编辑属性定义

创建属性后，在属性定义与块相关联之前（只定义了属性但没定义块时），用户可对其进
行编辑，方法如下：

> 下拉菜单：[修改][对象][文字][编辑]
> 命令行窗口：DDEDIT↙

执行上述任一操作后，AutoCAD 提示
"选择注释对象或[放弃（U）/模式（M）]："，
选取属性定义标记，系统弹出"编辑属性定
义"对话框，如图 5-28 所示。在此对话框中
用户可修改属性定义的标记、提示及默认值。
此外，启动"特性"选项板，可修改属性定义的
更多项目。

图 5-28 "编辑属性定义"对话框

（2）编辑块的属性

与插入块的其他对象不同，属性可以独立于块而单独进行编辑。用户可以集中编辑一组属性。方法有如下几种：

①编辑属性值及属性的其他特性

功能区面板：<默认> <块> <单个>

下拉菜单：[修改][对象][属性][单个]

执行上述任一操作后，AutoCAD 提示"选择块："，用户选择要编辑的图块后，AutoCAD 打开"增强属性编辑器"对话框，如图 5-29 所示。在此对话框中用户可对块属性进行编辑。

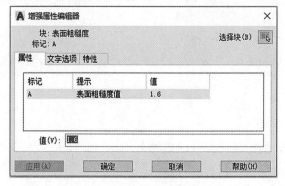

图 5-29 "增强属性编辑器"对话框

②块属性管理器

用户通过"块属性管理器"对话框，可以有效地管理当前图形中所有块的属性，并能进行编辑。可用以下方法中的任意一种来启动：

功能区面板：<默认> <块> <块属性管理器>

下拉菜单：[修改][对象][属性][块属性管理器]

命令行窗口：BATTMAN↙

系统弹出"块属性管理器"对话框，如图 5-30 所示。该对话框常用选项功能如下：

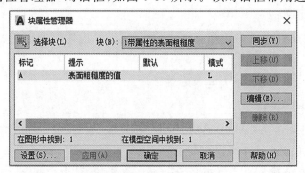

图 5-30 "块属性管理器"对话框

"选择块"按钮：通过此按钮选择要操作的块。单击该按钮，系统切换到绘图窗口，并提示"选择块："，用户选择块后，系统又返回"块属性管理器"对话框。

"块"下拉列表框：用户也可展开此下拉列表选择要操作的块。该下拉列表显示当前图形中所有具有属性的图块名称。

"同步"按钮：用户修改某一属性定义后，单击此按钮，更新所有块对象中的属性定义。

"上移"按钮：在属性列表中选中一属性行，单击此按钮，则该属性行向上移动一行。

"下移"按钮：在属性列表中选中一属性行，单击此按钮，则该属性行向下移动一行。

"删除"按钮：删除属性列表中选中的属性定义。

"编辑"按钮：单击此按钮，打开"编辑属性"对话框，该对话框有"属性"、"文字选项"和"特性"三个选项卡。这些选项卡的功能与"增强属性编辑器"对话框中同名选项卡功能类似，这里不再讲述。

"设置"按钮：单击此按钮，弹出"设置"对话框。在该对话框中，用户可以设置在"块属性管理器"对话框的属性列表中显示的那些内容。

3. 有关插入文件

在绘制图形过程中，如果正在绘制的图形是前面已经绘制过的，可以通过"插入块"命令来插入已有的文件。

操作过程如下：

①执行"插入块"命令，打开"块"选项板。

②选择"库"选项卡。

③找到已存储的图形文件，将其插入当前图形。

提示、注意、技巧

(1)插入图形文件之前，应对插入的图形设置插入点，可利用下拉菜单[绘图][块][基点]命令来完成。

(2)如果要对插入的图形进行修改，必须将它分解为各个组成部件，然后分别编辑它们。分解图块的步骤如下：

①选择下拉菜单[修改][分解]命令。

②选择要分解的图块。

③按 Enter 键即可。

5.3　尺寸公差与几何公差的标注

任务：绘制如图 5-31 所示的定位销轴零件图。

目的：通过此任务，进一步掌握文字标注、尺寸标注、块等知识，学习尺寸公差及几何公差的标注方法。

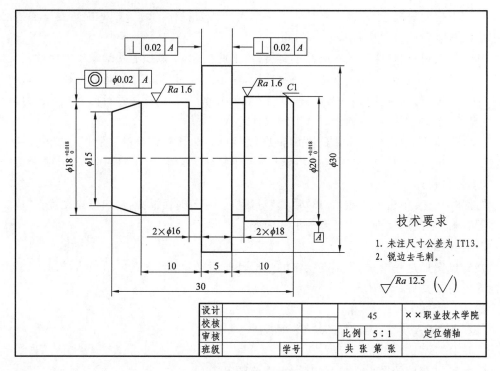

图 5-31 定位销轴零件图

绘图步骤分解

打开前面绘制的"手柄零件图"文件,删除该文件中的手柄图形和尺寸标注,将当前文件另存为"定位销轴"文件。文件中保留了手柄零件图中的图层、边框、标题栏及尺寸标注设置等内容,可根据当前零件图的内容进行修改与完善。

1.修改标题栏中的文字

双击要修改的文字,将零件名称和比例改为"定位销轴"和"5：1"。

2.绘制图形

轴的零件图具有一条对称轴,且整个图形沿轴线方向排列,大部分线条与轴线平行或垂直。我们可先画出轴的上半部分,然后用"镜像"命令复制出轴的下半部分。可以用"偏移""修剪"等命令绘图。根据各段轴径和长度,平移轴线和左端面垂线,然后修剪多余线条绘制各轴段。也可以用"矩形"命令,通过计算绘出各个矩形。用"倒角"命令绘制轴端倒角。

因图采用 5：1 比例,故按 1：1 绘图后用"缩放"命令将图形放大 5 倍,调整至合适位置,如图 5-32 所示。

3.标注尺寸和几何公差

(1)设置与修改标注样式

①修改"基本样式"

打开"标注样式管理器"对话框,对原"手柄零件图"中设置的"基本样式"进行修改,主要对"主单位"选项卡的内容重新设置,如图 5-33 所示。

● 将"主单位"选项卡中线性标注的精度设为"0"。

● 将比例因子设为"0.2",系统的测量值与此值的积显示为标注结果数值。此图采用

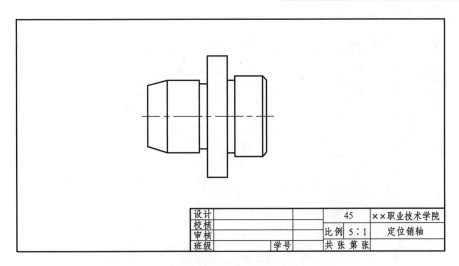

设计			45	××职业技术学院
校核				
审核			比例 5:1	定位销轴
班级		学号	共 张 第 张	

图 5-32 绘制图形

5:1的比例进行绘制,为了标注出实际尺寸,这里的比例因子应取0.2。

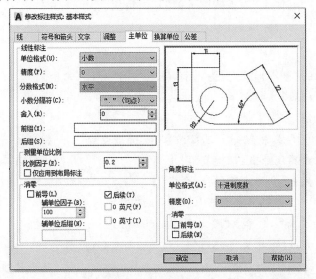

图 5-33 修改"标注样式"

②设置"非圆样式"

进行线性标注时,若系统测量尺寸数据前需要标注符号"ϕ",则可采用此样式进行标注,如该零件图中的尺寸 $\phi15$ 和 $\phi30$。

● 打开"标注样式管理器"对话框,选择"基本样式",然后单击"新建"按钮,在打开的"创建新标注样式"对话框中命名新样式名称为"非圆样式"。

● 单击"继续"按钮,打开"新建标注样式"对话框,将"主单位"选项卡中的前缀设为"％％C"。

③设置"公差样式"

零件图中"$\phi18^{+0.018}_{0}$"和"$\phi20^{+0.018}_{0}$"有公差要求,可设置"公差样式"进行标注。

● 按上述方法,以"非圆样式"为基础样式,新建"公差样式"。

● 在"新建标注样式"对话框中选择"公差"选项卡,参数设置如图 5-34 所示。

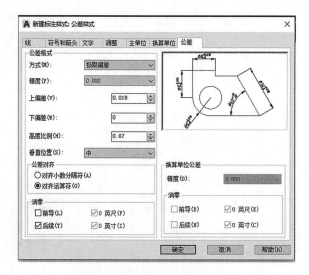

图 5-34　"公差"选项卡参数设置

注意：系统默认"上偏差"为正值，"下偏差"为负值。

（2）尺寸标注

①线性标注

将标注样式中的"基本样式"置为当前，输入"线性标注"命令。

● 标注尺寸 2×φ16

命令：_dimlinear

指定第一条尺寸界线原点或 ＜选择对象＞：**捕捉交点**　　//指定第一条尺寸界线原点

指定第二条尺寸界线原点：**捕捉交点**　　　　　　　//指定第二条尺寸界线原点

指定尺寸线位置或［多行文字(M)/文字(T)/角度(A)/水平(H)/垂直(V)/旋转(R)］：

M↙　　//出现多行文字格式编辑器，在选中的"2"字样后输入"×%%c16"，其中"%%c"
　　　　会自动变为"φ"，单击"确定"按钮，然后放置尺寸线位置

指定尺寸线位置或［多行文字(M)/文字(T)/角度(A)/水平(H)/垂直(V)/旋转(R)］：

单击一点　　　　　　　　　　　　　　　　　　　//指定尺寸线位置

尺寸数字位置如果不合适，可使用"编辑标注文字"命令移动标注文字。

● 标注尺寸 2×φ18

标注方法与标注尺寸 2×φ16 相同，此处选择"文字(T)"选项输入文字。

输入"线性标注"命令，AutoCAD 提示：

命令：_dimlinear

指定第一条尺寸界线原点或 ＜选择对象＞：**捕捉交点**　　//指定第一条尺寸界线原点

指定第二条尺寸界线原点：**捕捉交点**　　　　　　　//指定第二条尺寸界线原点

指定尺寸线位置或［多行文字(M)/文字(T)/角度(A)/水平(H)/垂直(V)/旋转(R)］：

T↙

输入标注文字 ＜2＞：**2×%%c18↙**

指定尺寸线位置或［多行文字(M)/文字(T)/角度(A)/水平(H)/垂直(V)/旋转(R)］：

单击一点　　　　　　　　　　　　　　　　　　　//指定尺寸线位置

● 标注尺寸 $\phi15$ 和 $\phi30$

将"非圆样式"置为当前,标注尺寸 $\phi15$ 和 $\phi30$。

● 标注尺寸 10(左侧)

将"基本样式"置为当前,输入"线性标注"命令进行标注。

②连续标注

连续标注用于多段尺寸串联,尺寸线在一条直线上放置的标注。要创建连续标注,必须先选择一个线性或角度标注作为基准标注。每个连续标注都从前一个标注的第二条尺寸界线处开始。

● 标注尺寸 5 和 10(右侧)

输入"连续标注"命令,可采用下述方法中的任意一种:

```
功能区面板:<注释> <标注> <连续>
下拉菜单:[标注][连续]
命令行窗口:DIMCONTINUE ↙
```

AutoCAD 提示:

命令:_dimcontinue

指定第二条尺寸界线原点或[放弃(U)/选择(S)]<选择>:**捕捉交点**

//标注尺寸 5

标注文字=5

指定第二条尺寸界线原点或[放弃(U)/选择(S)]<选择>:**捕捉交点**

//标注尺寸 10

标注文字=10

指定第二条尺寸界线原点或[放弃(U)/选择(S)]<选择>:↙

选择连续标注:↙　　　　　　　　　　　　//结束命令

注意:此处标注的尺寸 5 和 10 与上步刚标注的尺寸 10 连续,若标注的尺寸不与最新标注的线性尺寸连续,则执行"选择(S)"选项,选择想要与之连续的尺寸。

③基线标注

使用基线标注可以创建一系列由相同的标注原点测量出来的标注。要创建基线标注,必须先创建(或选择)一个线性或角度标注作为基准标注。AutoCAD 将从基准标注的第一条尺寸界线处测量基线标注。

● 标注尺寸 30

输入"基线标注"命令,可采用下述方法中的任意一种:

```
功能区面板:<注释> <标注> <基线>
下拉菜单:[标注][基线]
命令行窗口:DIMBASELINE ↙
```

AutoCAD 提示:

命令:_dimbaseline

指定第二条尺寸界线原点或[放弃(U)/选择(S)]<选择>:↙

选择基准标注:**拾取尺寸界线**　　//拾取右侧尺寸 10 的右侧尺寸界线为原点 1

指定第二条尺寸界线原点或[放弃(U)/选择(S)]＜选择＞:**捕捉交点**

　　　　　　　　　　//选择图5-35所示的左下点为尺寸界线的原点2

标注文字 ＝ 30

指定第二条尺寸界线原点或[放弃(U)/选择(S)]＜选择＞:↙

选择基准标注:↙

结束标注,结果如图5-35所示。

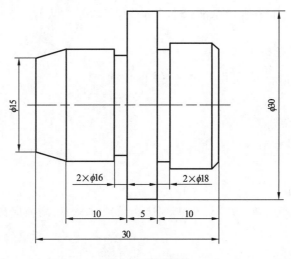

图5-35　尺寸标注

④尺寸公差标注

将"公差样式"置为当前,利用"线性标注"命令标注尺寸 $\phi18^{+0.018}_{0}$ 和 $\phi20^{+0.018}_{0}$。

⑤几何公差标注

功能区面板:＜注释＞ ＜标注＞ ＜公差＞
下拉菜单:[标注][公差]

执行上述命令后,系统弹出"形位公差"对话框,单击"符号"框,打开"特征符号"对话框,在"特征符号"对话框中选择几何公差符号 ▇ ,在"公差1"文本框中输入几何公差值0.02,在"基准1"文本框中输入字母A,如图5-36所示。

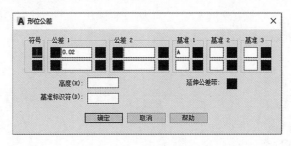

图5-36　设置"垂直度"公差

当公差值前面有 ϕ 时,应该将"形位公差"对话框中"公差"选项中公差值前面的"黑色框"选上。如标注同轴度公差时,可进行如图5-37所示设置。

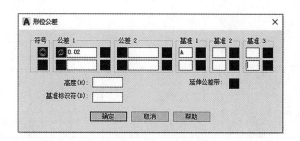

图 5-37 设置"同轴度"公差

几何公差标注结果如图 5-38 所示,图中倒角 C1 的标注可用直线命令和文字命令完成。

注意:几何公差标注中的指引线可用前面学过的知识绘制,也可借用尺寸标注中的箭头,方法是将其中一个尺寸分解,将其中的箭头进行复制、粘贴即可。基准符号可以用前面所学的绘图知识绘制完成,也可以将这样常用的符号做成块,使用时插入进来即可。

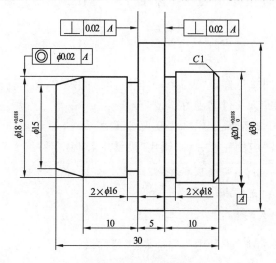

图 5-38 几何公差标注

4. 标注表面粗糙度

将本单元实例 2 中建好的"带属性的表面粗糙度"块插入进来即可。

5. 书写技术要求

输入多行文字,书写技术要求。

6. 保存文件

单击"保存"按钮,选择合适的位置,以"图 5-31"为名保存。

5.4 设计中心

任务:绘制如图 5-39 所示的零件视图,并标注尺寸。

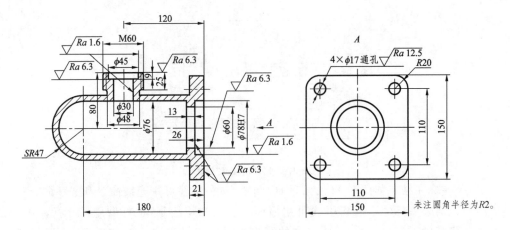

图 5-39 零件视图

目的:通过此任务,进一步掌握文字标注、尺寸标注、块等部分知识,学习设计中心的应用。

绘图步骤分解

1.新建文件

新建一张图纸,绘图单位选择"公制",根据该图形的尺寸,图纸区域取系统的默认值 A3 (420×297),以"图 5-39"为文件名保存。

2.利用设计中心创建图层、文字样式及尺寸样式

(1)可采用以下方法中的任意一种,调用"设计中心"命令:

> 功能区面板:<视图> <选项板> <设计中心>
>
> 下拉菜单:[工具][选项板][设计中心]
>
> 键盘:"Ctrl+2"组合键

(2)执行上述操作,打开"设计中心"选项板(简称设计中心),找到"绘制扳手零件图"文件,如图 5-40 所示。

图 5-40 "设计中心"选项板

(3)将图层添加到新文件"图 5-39"中

在右侧内容区内双击"图层"按钮,打开图层后选择要用的图层,单击鼠标右键出现快捷菜单,如图 5-41 所示,单击"添加图层"选项,被选中的图层便被添加到"图 5-39"文件的图层中。也可以在设计中心的内容区中直接双击指定的项目,或将指定的项目拖到绘图区中,均可完成"图层"的添加。

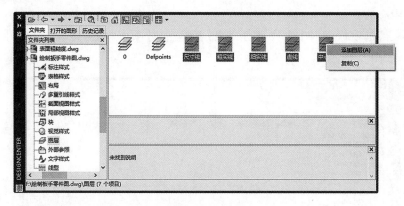

图 5-41 添加图层

展开"图 5-39"文件中图层下拉列表,可以看到添加后的图层。

(4)用同样方法,可以把文字样式、标注样式等外部设置调入到新文件中。

3.绘制图形

利用前面所学知识,绘制零件的视图。

4.标注尺寸

利用前面所学知识,标注零件的尺寸。

5.标注表面粗糙度符号

将前面建好的带属性的"表面粗糙度"块插入图中。

完成零件图的绘制,保存文件。

补充知识 >>>

1.设计中心的作用

AutoCAD 设计中心(AutoCAD Design Center,简称 ADC)是 AutoCAD 中一个非常有用的工具。它有着类似于 Windows 资源管理器的界面,可管理图块、外部参照、光栅图像以及来自其他源文件或应用程序的内容,将位于本地计算机、局域网或因特网上的图块、图层、外部参照和用户自定义的图形内容复制并粘贴到当前绘图区中。同时,如果在绘图区打开多个文档,在多个文档之间也可以通过简单的拖放操作来实现图形的复制和粘贴。粘贴内容除了包含图形本身外,还包含图层定义、线型、字体等内容。这样,资源可得到再利用和共享,提高了图形管理和图形设计的效率。

通常使用 AutoCAD 设计中心可以完成如下工作:

(1)浏览和查看各种图形文件,并可显示预览图形及其说明文字。

(2)查看图形文件中命名对象的定义,将其插入、附着、复制和粘贴到当前图形中。

(3)将图形文件(.dwg)从内容区拖放到绘图区域中,即可打开图形;而将光栅文件从内容区拖放到绘图区域中,则可查看和附着光栅图像。

(4)在本地和网络驱动器上查找图形文件,并可创建指向常用图形、文件夹和 Internet 地址的快捷方式。

2.设计中心的界面

"设计中心"选项板由六个主要部分组成:工具栏、选项卡、内容区、树状视图、预览视图及说明视图,如图 5-42 所示。简单说明如下:

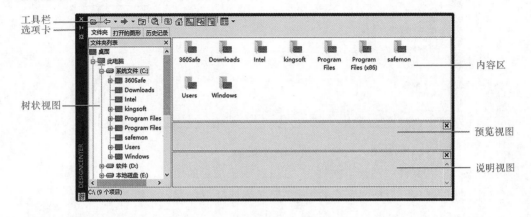

图 5-42 "设计中心"选项板组成

(1)"工具栏"中常用按钮的含义

①"树状图切换"按钮▣:可关闭或打开树状视图。

②"预览"按钮▣:可关闭或打开预览视图。

③"说明"按钮▣:可关闭或打开说明视图。

(2)各"选项卡"的含义

①"文件夹"选项卡:将以树状视图形式显示当前的文件夹。

②"打开的图形"选项卡:单击该选项卡后,可以显示 AutoCAD 设计中心当前打开的图形文件。

③"历史记录"选项卡:单击该选项卡后,可以显示最近访问过的 20 个图形文件。

(3)树状视图

显示本地和网络驱动器上打开的图形、自定义内容、历史记录和文件夹。

(4)内容区

显示树状视图中选定层次结构中项目的内容。

(5)预览视图

显示选定项目的预览图像。如果该项目没有保存预览图像,则为空。

(6)说明视图

显示选定项目的文字说明。

3.使用设计中心查看内容

(1)树状视图

树状视图显示本地和网络驱动器上打开的图形、自定义内容、历史记录和文件夹等内容。其显示方式与 Windows 系统的资源管理器类似,为层次结构方式。双击层次结构中的某个项目,可以显示其下一层次的内容。对于具有子层次的项目,则可单击该项目左侧的加号"+"或减号"-"来显示或隐藏其子层次。

(2)内容区

用户在树状视图中浏览文件、块和自定义内容时,内容区中将显示打开图形和其他源文件中的内容。例如,如果在树状视图中选择了一个图形文件,则内容区中显示表示图层、块、外部参照和其他图形内容的图标。如果在树状视图中选择图形的图层图标,则内容区中将显示图形中各个图层的图标。用户也可以在 Windows 资源管理器中直接将需要查看的内容拖放到内容区上来显示其内容。

用户可在内容区上单击鼠标右键,在弹出的快捷菜单中选择"刷新"选项,对树状视图和内容区中显示的内容进行刷新,以反映其最新的变化。

(3)预览视图和说明视图

预览视图和说明视图将分别显示其预览图像和说明文字。

用户可通过树状视图、内容区、预览视图以及说明视图之间的分隔栏来调整其相对大小。

4.使用设计中心进行查找

(1)查找

利用 AutoCAD 设计中心的查找功能,可以根据指定条件和范围来搜索图形和其他内容(如块和图层的定义等)。

单击工具栏中的"查找"按钮,或在内容区上单击鼠标右键,弹出快捷菜单,选择"搜索"选项,可弹出"搜索"对话框。

①在该对话框的"搜索"下拉列表中给出了该对话框可查找的对象类型。

②在"于"下拉列表中显示了当前的搜索路径。

③完成对搜索条件的设置后,用户可单击"立即搜索"按钮进行搜索,并可在搜索过程中随时单击"停止"按钮来中断搜索操作。如果用户单击"新搜索"按钮,则将清除之前设置的搜索条件并重新设置。

④如果查找到符合条件的项目,则将显示在对话框下部的搜索结果列表中。用户可通过如下方式将其加载到内容区中:

● 直接双击指定的项目。

● 将指定的项目拖到内容区中。

● 在指定的项目上单击鼠标右键,弹出快捷菜单,选择"加载到内容区中"选项。

(2)使用收藏夹

AutoCAD 系统在安装时,自动在 Windows 系统收藏夹中创建一个名为"Autodesk"的子文件夹,并将该文件夹作为 AutoCAD 系统收藏夹。在 AutoCAD 设计中心中可将常用内容的快捷方式保存到该收藏夹中,以便在下次调用时进行快速查找。

如果选定了图形、文件或其他类型的内容,并单击鼠标右键,在弹出的快捷菜单中选择"添加到收藏夹"选项,就会在收藏夹中为其创建一个相应的快捷方式。用户可通过如下方式来访问收藏夹,查找所需内容:

①选择工具栏中的"搜藏夹"按钮。

②在树状视图中选择 Windows 系统收藏夹中的"Autodesk"子文件夹。

③在内容区上单击鼠标右键,弹出快捷菜单,选择"收藏夹"选项。

如果用户在内容区上单击鼠标右键,在弹出的快捷菜单中选择"组织收藏夹"选项,将弹出"Windows 资源管理器"窗口,并显示 AutoCAD 的收藏夹内容,用户可对其中的快捷方式进行移动、复制或删除等操作。

5.使用设计中心编辑图形

通过 AutoCAD 设计中心,可以将内容区或"搜索"对话框中的内容添加到打开的图形中。根据指定内容类型的不同,其插入的方式也不同。

(1)插入块

在 AutoCAD 设计中心中可以使用两种不同方法插入块:

①将要插入的块直接拖放到当前图形中。这种方法通过自动缩放比较图形和块使用的单位,根据两者之间的比率来缩放块的比例。

②在要插入的块上单击鼠标右键,弹出快捷菜单,选择"插入为块"选项。这种方法可按指定坐标、缩放比例和旋转角度插入块。

(2)附着光栅图像

可使用如下方式来附着光栅图像:

①将要附着的光栅图像文件拖放到当前图形中。

②在图形文件上单击鼠标右键,弹出快捷菜单,选择"附着图像"选项。

(3)附着外部参照

将图形文件中的外部参照对象附着到当前图形文件中的方式如下:

①将要附着的外部参照对象拖放到当前图形中。

②在图形文件上单击鼠标右键,弹出快捷菜单,选择"附着外部参照"选项。

(4)插入图形文件

对于 AutoCAD 设计中心的图形文件,如果将其直接拖放到当前图形中,则系统将其作为块对象来处理。如果在该文件上单击鼠标右键,则有以下两种选择:

①选择"作为块插入"选项,可将其作为块插入到当前图形中。

②选择"作为外部参照附着"选项,可将其作为外部参照附着到当前图形中。

(5)插入其他内容

与块和图形一样,也可以将图层、线型、标注样式、文字样式、布局和自定义内容添加到打开的图形中,其添加方式相同。

（6）利用剪贴板插入对象

对于可添加到当前图形中的各种类型的对象,用户也可以将其从 AutoCAD 设计中心复制到剪贴板,然后粘贴到当前图形中。

具体方法为:选择要复制的对象,单击鼠标右键,弹出快捷菜单,选择"复制"选项。

习　题

一、基础题

1.注写下列文字。

技术要求

（1）齿轮安装后,用手转动传动齿轮时,应灵活旋转。

（2）两齿轮轮齿的啮合面应占齿长的 3/4 以上。

2.输入下列文字和符号:

　　37 ℃　　36±0.07　　　φ60H7/f6

3.插入下列符号:

　　¥　　$　　#　　§　　&

4.绘制图 5-43 所示的轴零件图并标注尺寸与公差。

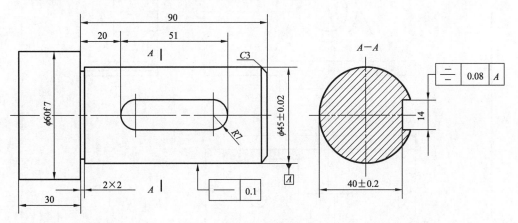

图 5-43　轴零件图

5.绘制图 5-44 所示图形,并标注尺寸,将表面粗糙度符号设成带属性的块,插入到图形中。

6.利用建立的 A3 样板图绘制图 5-45 所示的支座零件图。

7.绘制如图 5-46 所示的阀盖零件图。

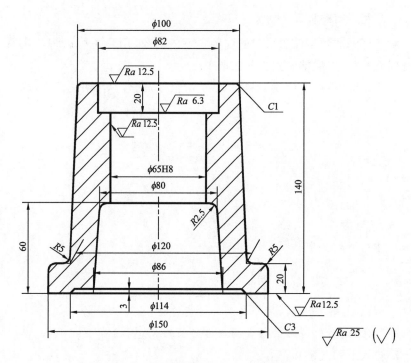

图 5-44　千斤顶底座零件图

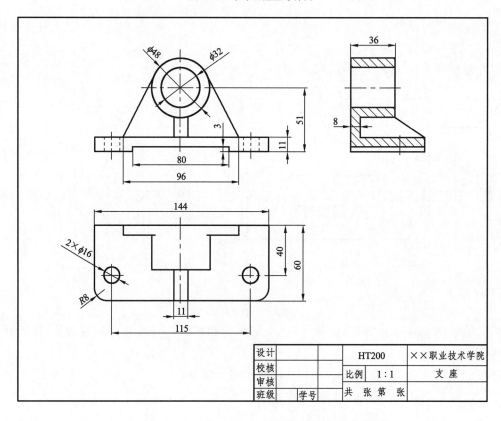

图 5-45　支座零件图

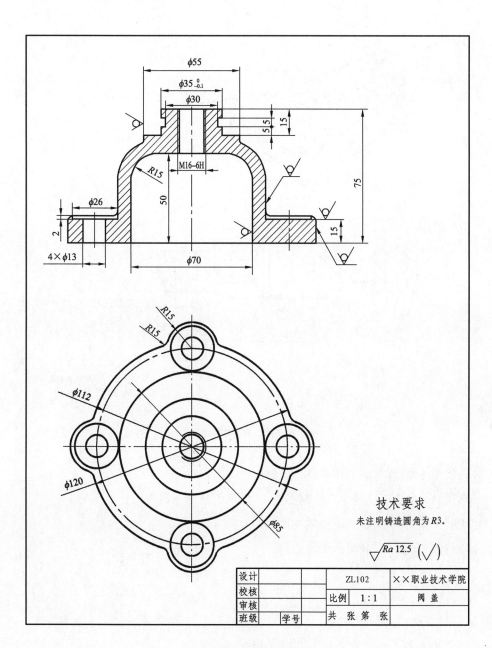

图 5-46　阀盖零件图

二、拓展题

1.绘制图 5-47 所示的曲柄零件图并标注尺寸与公差。

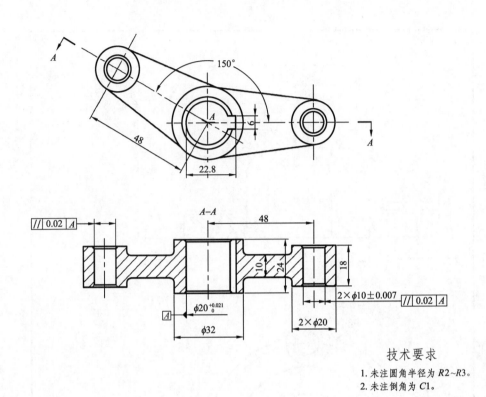

图 5-47 曲柄零件图

2.绘制图 5-48 所示的箱体零件图。

3.利用 AutoCAD 设计中心绘制图 5-49 所示的轴承座零件图。

4.绘制图 5-50 所示的蜗轮轴零件图。

5.绘制图 5-51 所示的泵体零件图。

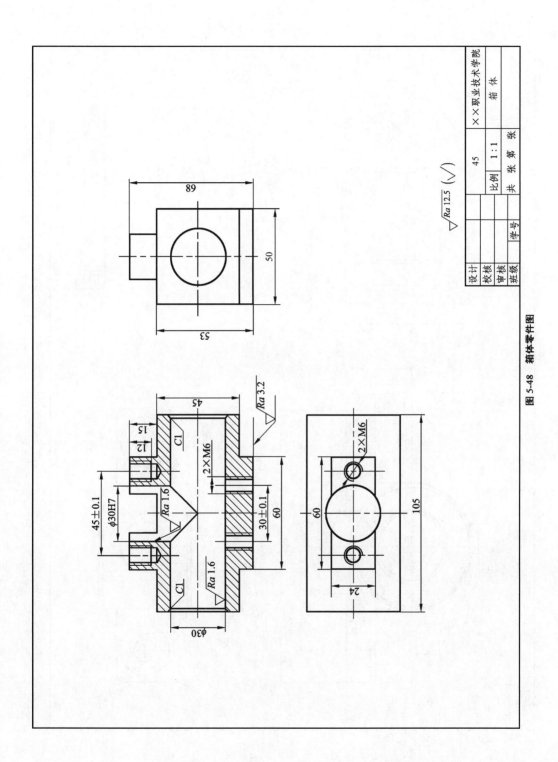

图 5-48 箱体零件图

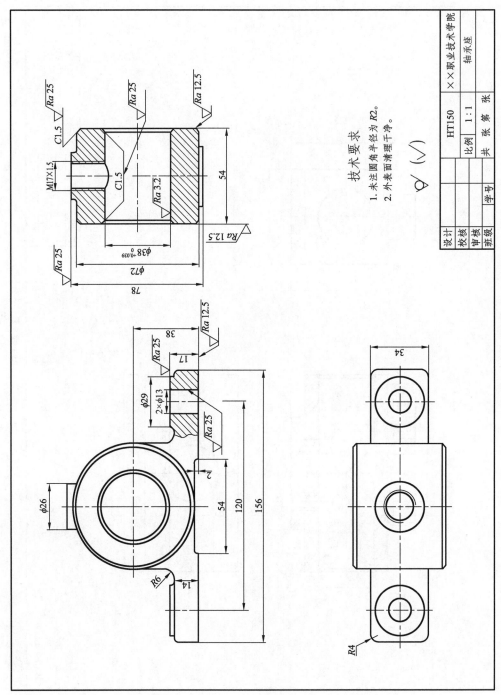

图 5-49　轴承座零件图

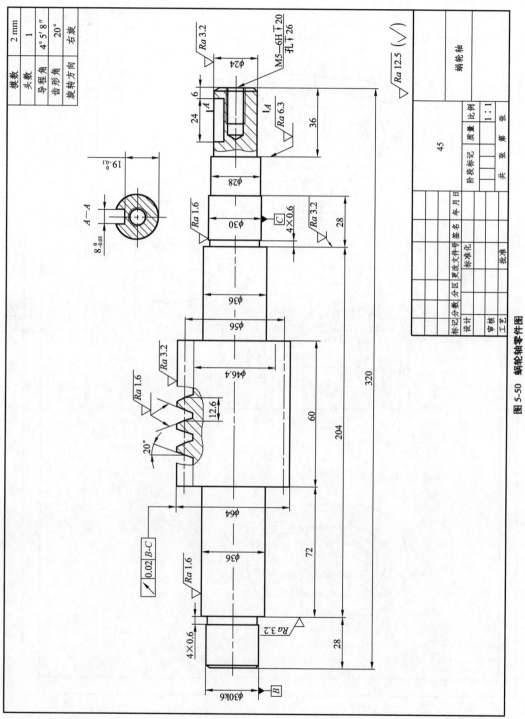

模数	2 mm
头数	1
导程角	4°5′8″
齿形角	20°
旋转方向	右旋

图 5-50　蜗轮轴零件图

标记	分数	分区	更改文件号	签名	年 月 日			蜗轮轴
设计						阶段标记	质量	比例
审核								1：1
工艺			标准化			45	共　张　第　张	
			批准					

蜗轮轴

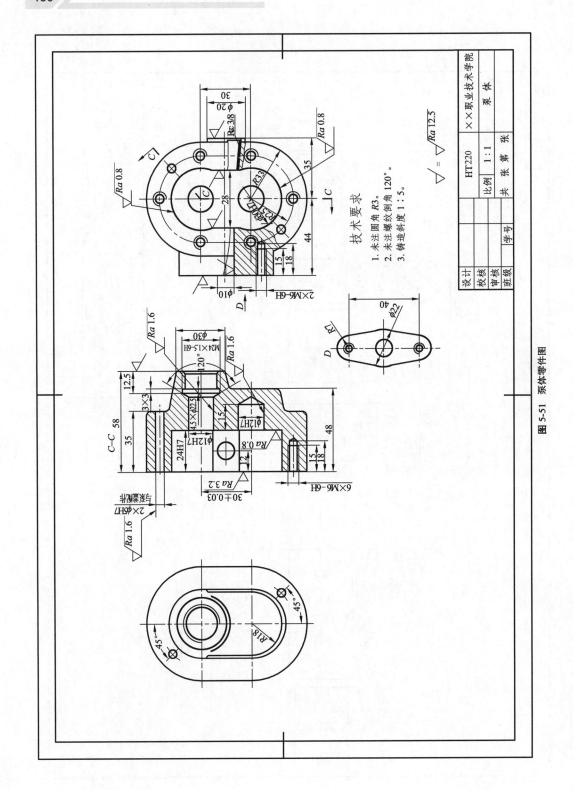

技术要求

1. 未注圆角 R3。
2. 未注螺纹倒角 120°。
3. 铸造斜度 1：5。

$\nabla = \sqrt{Ra\,12.5}$

图 5-51　泵体零件图

单元6

绘制装配图实例

6.1　绘制零件图并由零件图组装装配图

任务:绘制图 6-1～图 6-4 所示零件图,并由零件图绘制装配图,如图 6-5 所示。

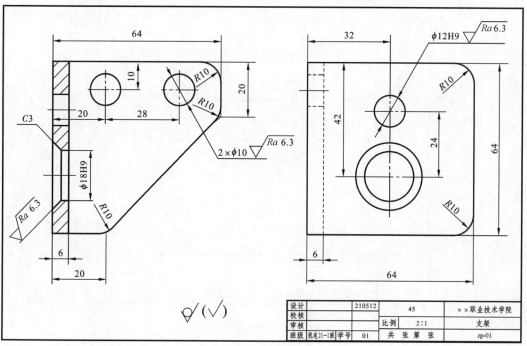

图 6-1　支架零件图(A3 图纸)

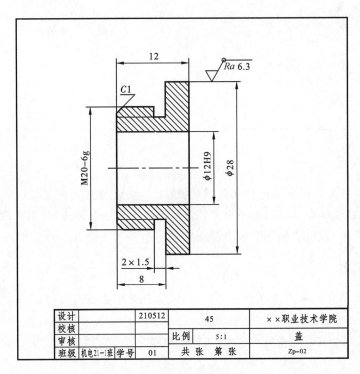

设计		210512	45		××职业技术学院
校核			比例	5:1	盖
审核					
班级	机电21-1班	学号	01	共张 第张	Zp-02

图 6-2　盖零件图（A4 图纸）

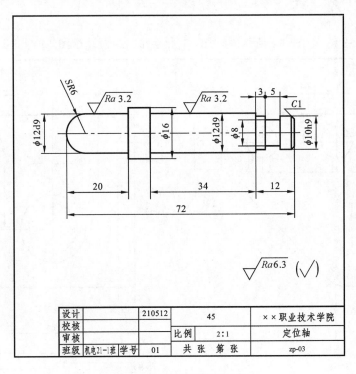

设计		210512	45		××职业技术学院
校核			比例	2:1	定位轴
审核					
班级	机电21-1班	学号	01	共张 第张	zp-03

图 6-3　定位轴零件图（A4 图纸）

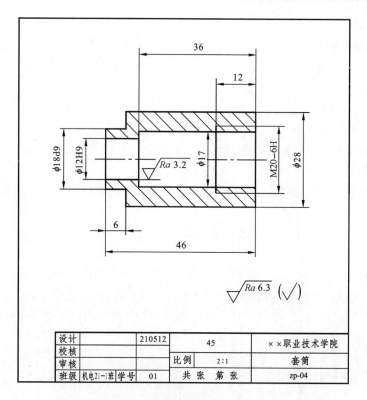

图 6-4 套筒零件图(A4 图纸)

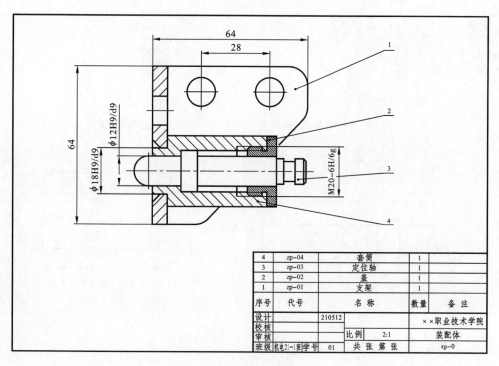

图 6-5 装配图(A3 图纸)

目的:通过此任务,掌握零件图的绘制方法及由零件图组装装配图的方法。

绘图步骤分解：

1. 绘制各零件图

绘制图 6-1、图 6-2、图 6-3 及图 6-4 所示零件图。分别以"支架"、"盖"、"定位轴"及"套筒"命名保存。

绘图时注意以下问题：

(1)可在前面建好的 A3 或 A4 样板图基础上进行绘制。

(2)图形的绘制及尺寸标注参考前面各单元内容。

(3)注意各零件图所采用的比例,按要求进行绘制。

(4)可将其中一个标题栏存为单独的文件,使用时插入再进行相应的修改。

2. 将各零件分别存为"块"

打开前面保存的"支架"文件,冻结标注层,删除左视图、边框线及标题栏等图线,图形变成图 6-6 所示。

设置"支架"上的基点:选择下拉菜单[绘图][块][基点]选项,捕捉如图 6-6 所示左下角点 A,则 A 点作为以后绘制装配图时的插入点。文件另存为"支架 0"。

同理,将"盖"、"定位轴"及"套筒"零件做相应调整,设置相应基点 B、D、E,如图 6-7、图 6-8、图 6-9 所示。并分别以"盖 0"、"定位轴 0"及"套筒 0"为文件名保存。

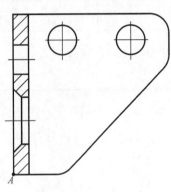

图 6-6　"支架"基点的设置

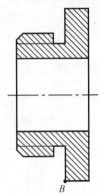

图 6-7　"盖"基点的设置

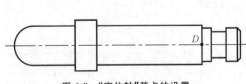

图 6-8　"定位轴"基点的设置

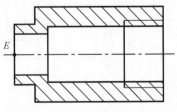

图 6-9　"套筒"基点的设置

提示、注意、技巧

在"图层特性管理器"选项板中有关特征图标的含义及应用：

打开/关闭(💡/💡)：图层打开时，可显示和编辑图层上的内容；图层关闭时，图层上的内容全部隐藏，但仍然参加图形的运算，可进行编辑和打印输出。

冻结/解冻(❄/☀)：冻结图层时，图层上的内容全部隐藏，且不可被编辑或打印，从而减少复杂图形的重新生成时间。

锁定/解锁(🔒/🔓)：锁定图层时，图层上的内容仍然可见，并且能够捕捉或添加新对象，但不能被编辑。默认情况下，图层是解锁的。

注意：当前层可以被关闭和锁定，但不能被冻结。

3.绘制装配图

(1)打开 A3 样板图文件。

(2)绘制 A3 图幅边框线，插入前面建好的"标题栏"块或"标题栏"文件，分解后进行修改，并绘制明细栏，如图 6-10 所示。

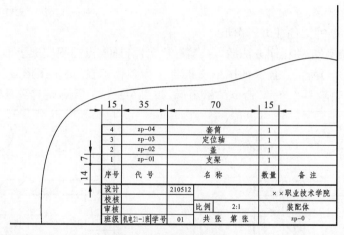

图 6-10　标题栏与明细栏

(3)插入"支架 0"文件

功能区面板：<默认> <块> <插入> <库中的块>
下拉菜单：[插入][块选项板]

执行上述操作，打开"块"选项板，在库中找到"支架 0"文件，如图 6-11 所示。单击鼠标右键，选择快捷菜单中的"插入"命令，此时命令行窗口提示"指定插入点或[基点(B)/比例(S)/旋转(R)]："，根据提示将比例因子改成 0.5(原零件图按 2∶1 绘制，在此都恢复为1∶1)，之后指定插入点将其插入到当前文件中，如图 6-12 所示。

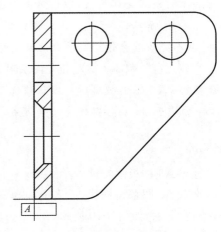

图 6-11　"块"选项板　　　　　　　　　　图 6-12　插入"支架"

（4）插入"套筒 0"文件并编辑图形

按插入"支架 0"文件相同方法插入"套筒 0"文件，插入点捕捉支架上对应点，比例因子取 0.5，如图 6-13（a）所示。插入的图形文件将作为整体存在，编辑图形之前要对图形进行分解，然后利用"删除"和"修剪"命令编辑图形，如图 6-13（b）所示，使其满足装配图要求。

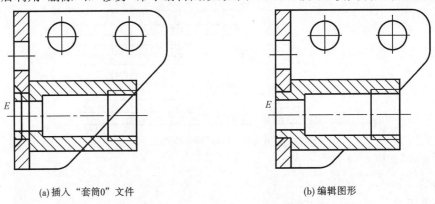

(a)插入"套筒0"文件　　　　　　　　　　　(b)编辑图形

图 6-13　插入"套筒"并对图形进行编辑

（5）插入"盖 0"文件并编辑图形

插入"盖 0"文件，比例因子取 0.2（原零件图按 5∶1 比例绘制），分解后进行编辑，如图 6-14 所示。

（6）插入"定位轴 0"文件并编辑图形

插入"定位轴 0"文件，比例因子取 0.5（原零件图按 2∶1 比例绘制），分解后进行编辑，如图 6-15 所示。

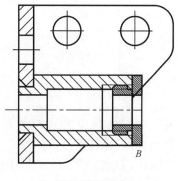

(a) 插入"盖0"文件

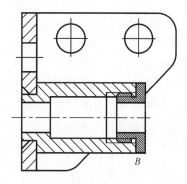

(b) 编辑图形

图 6-14　插入"盖"并对图形进行编辑

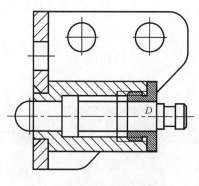

(a) 插入"定位轴0"文件

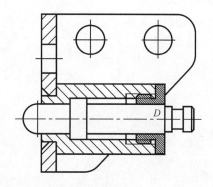

(b) 编辑图形

图 6-15　插入"定位轴"并对图形进行编辑

（7）将图形比例缩放

装配图中视图是按 2：1 绘制，因此将图 6-15（b）放大 2 倍。

（8）标注尺寸

新建一个标注层，将其置为当前。利用前面所学知识标注图中尺寸，如图 6-16 所示。

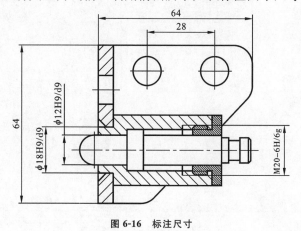

图 6-16　标注尺寸

(9)标注零件的序号

①设置多重引线样式

> 功能区面板:<默认>＜注释＞＜多重引线样式＞
> 下拉菜单:[格式][多重引线样式]
> 命令行窗口:MLEADERSTYLE↙

执行上述操作后,系统弹出"多重引线样式管理器"对话框,如图 6-17 所示。单击"新建"按钮,打开"创建新多重引线样式"对话框,命名新样式名为"零件序号",如图 6-18 所示。单击"继续"按钮,打开"修改多重引线样式"对话框,对"引线格式"和"内容"选项卡进行设置,如图 6-19 和图 6-20 所示。单击"确定"按钮,回到"多重引线样式管理器"对话框,将刚建立的"零件序号"样式"置为当前",关闭"多重引线样式管理器"对话框。

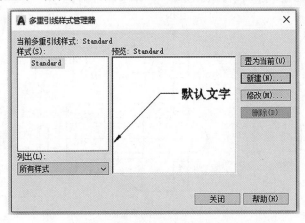

图 6-17 　"多重引线样式管理器"对话框

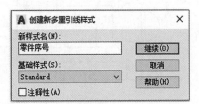

图 6-18 　"创建新多重引线样式"对话框

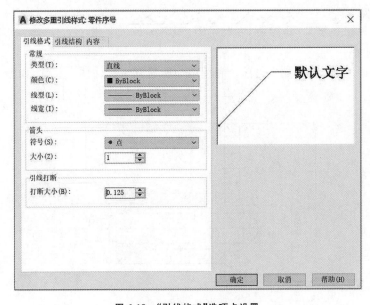

图 6-19 　"引线格式"选项卡设置

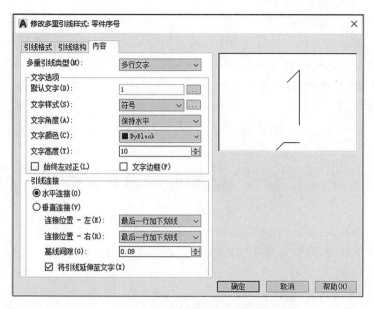

图 6-20 "内容"选项卡设置

②标注零件序号

| 功能区面板:<默认> <注释> <引线> |
| 下拉菜单:[标注][多重引线] |
| 命令行窗口:MLEADER↙ |

执行上述操作,在"指定引线箭头的位置或[引线基线优先(L)/内容优先(C)/选项(O)]<选项>:"提示下,在"支架"图形内确定一点。在"指定引线基线的位置:"提示下,在图形外零件序号 1 的位置单击左键确定。之后系统弹出多行文字格式编辑器,在多行文字输入编辑框中录入 1,关闭功能区"文字编辑器"选项卡。结果如图 6-21 所示。

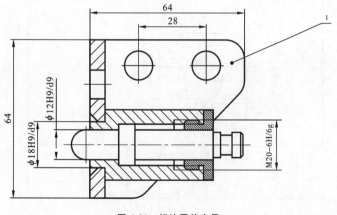

图 6-21 标注零件序号

可用上述相同的方法标注出序号 2、3 和 4。或者将刚建立的引线 1 复制 3 个(打开正交模式,保证 1、2、3 和 4 在一条铅垂线上),基点为数字 1 所在的位置;然后双击刚复制的数字 1,分别修改为 2、3 和 4,最后将刚复制的引线的"点"所在位置分别移动到"盖"、"定位轴"及"套筒"所在的图形区域,如图 6-5 所示。

至此,图形绘制完成。

6.2 绘制钳体装配图

任务:绘制图 6-22、6-23、6-24 所示零件图及图 6-25 所示钳体装配图。

目的:通过此任务,掌握零件图的绘制方法、由零件图组装装配图的方法,并进一步学习带属性块的创建方法与应用。

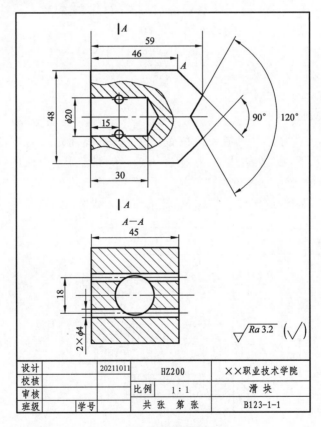

图 6-22　滑块零件图

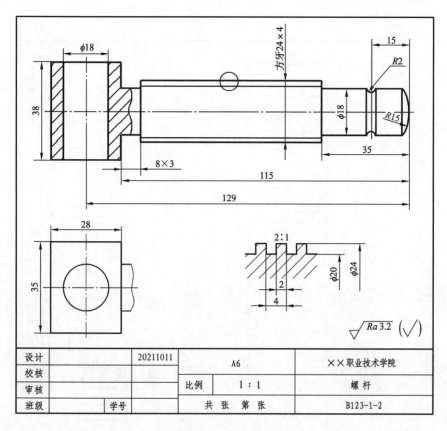

设计		20211011	A6	××职业技术学院
校核				
审核			比例	1：1	螺　杆
班级		学号		共　张　第张	B123-1-2

图 6-23　螺杆零件图

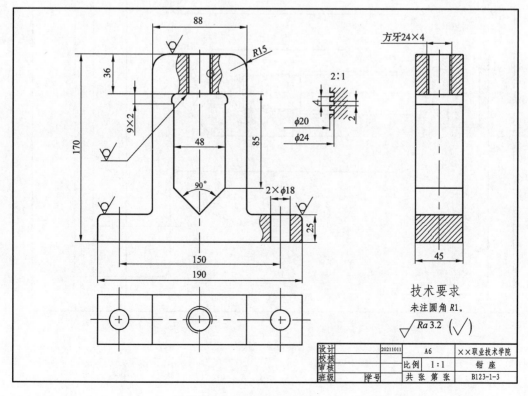

技术要求
未注圆角 R1。

$\sqrt{Ra\,3.2}$ (√)

设计		20211011	A6	××职业技术学院
校核				
审核			比例	1：1	钳　座
班级		学号		共　张　第张	B123-1-3

图 6-24　钳座零件图

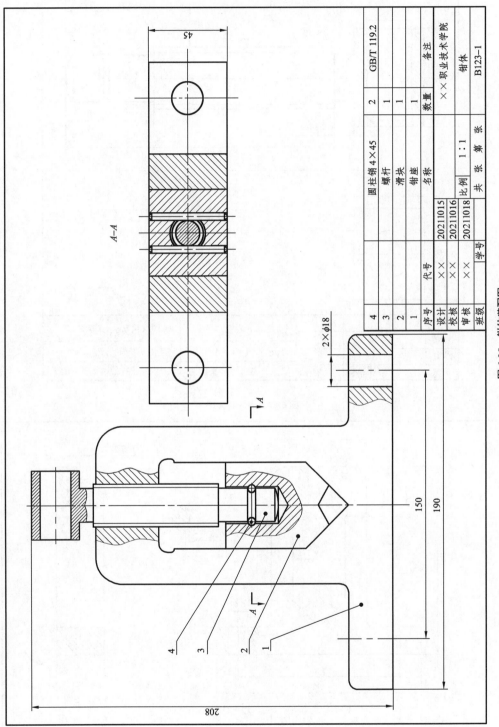

图 6-25　钳体装配图

绘图步骤分解：

1.绘制零件图中的图形

绘制图 6-22、图 6-23 及图 6-24 所示零件图中的图形并标注尺寸,分别以"滑块"、"螺杆"、"钳座"命名保存为块文件。

(1)图形的绘制及尺寸标注参考前面各章内容。注意块、样板图及设计中心的应用。

(2)保存前应设置好基点。

设置滑块上的基点:选择下拉菜单[绘图][块][基点]选项,捕捉如图 6-26 所示 A 点,则 A 点作为以后绘制装配图时的插入点。

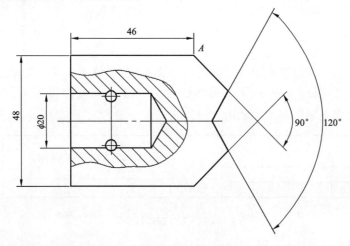

图 6-26 滑块基点的设置

同理设置螺杆基点,如图 6-27 中 B 点。

2.完成各零件图的绘制

以滑块为例说明绘图步骤。

(1)新建文件,设置图形区域为(210×297),或打开以前所建 A4 样板图。

(2)绘制边框线,如图 6-28 所示。

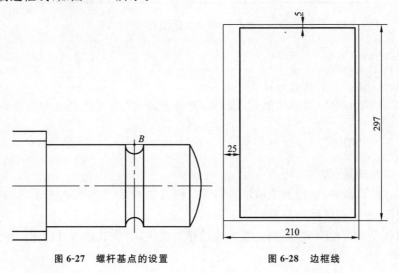

图 6-27 螺杆基点的设置   图 6-28 边框线

（3）建立带属性的标题栏块（如前面已建好可直接插入）。

①画出标题栏，如图 6-29 所示，粗、细实线应设在不同的图层上。

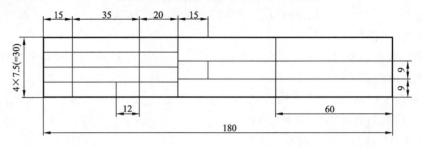

图 6-29　标题栏

②填充文字

先建一个"文本"层，设置线型为细实线，在"文本"层中填充文字。字体选择为 gbenor. shx，并选择使用"大字体"复选框，大字体样式为 gbcbig. shx，高度设为 0（这样在输入文字时，可根据需要设成不同的高度），利用"单行文字"命令输入文字，如图 6-30 所示。

设计				
校核			比例	
审核				
班级		学号	共　张　第　张	

图 6-30　输入不带属性的部分

③指定属性

执行下拉菜单[绘图][块][定义属性]选项，系统打开"属性定义"对话框，用户可以指定属性标记、提示和默认值。在绘图区指定要插入属性的位置，标题栏变成如图 6-31 所示。

设计		（日期）	（材料）		（校名）
校核					
审核			比例	1:1	（图样名称）
班级		学号	共　张　第　张		（图样代号）

图 6-31　带属性的标题栏

提示、注意、技巧

标记、提示和默认值的设定

例：标题栏中"（图样名称）"为标记，提示可写为"输入图样名称"；默认值可写为"滑块"。

④定义块并将其存为文件

执行"创建块"命令，选择整个图形和属性及块的插入点（取图形的右下角为插入点），单击"确定"按钮，一个有属性的块就做成了。

使用命令 WBLOCK（W）将所定义的块保存为文件，可供其他文件使用。

（4）在图 6-28 中插入带属性的标题栏块，如图 6-32 所示。

设计		20211011	HZ200		××职业技术学院
校核			比例	1:1	滑块
审核					
班级	学号		共 张 第 张		B123-1-1

图 6-32　插入带属性的标题栏块

（5）插入"滑块"文件及表面粗糙度符号，则得到图 6-22 所示零件图。

同理绘制螺杆及钳座零件图。

3.绘制钳体装配图

（1）打开"钳座"文件

打开前面保存的"钳座"文件，冻结标注层，删除左视图及局部视图。图形变成图 6-33 所示。文件另存为"钳体"。

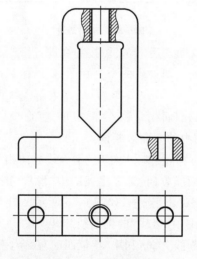

图 6-33　钳座两视图

（2）插入"滑块"文件

①插入"滑块"：将"滑块"插入到"钳座"图中，将基点捕捉到"钳座"图上的相应点，如图 6-34 所示。

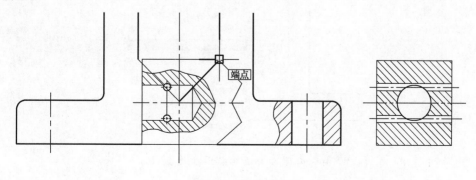

图 6-34　插入"滑块"

②编辑"滑块":将其绕基点旋转 90°。分解"滑块",将"滑块"俯视图移到"钳座"俯视图相应位置,如图 6-35 所示。

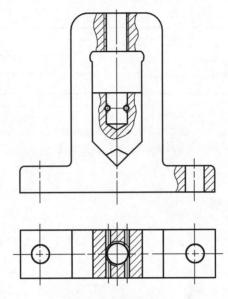

图 6-35　编辑"滑块"

③修改装配体图形:滑块插入后,俯视图按剖视进行修改(剖切位置在内销孔处)。

●由于俯视图是在销孔处剖切得到的全剖视图,所以俯视图中原螺纹的投影不存在,将其删除。

●填充"钳座"俯视图中的剖面线。输入"图案填充"命令,利用"特性匹配"命令,使"钳座"俯视图中剖面线与主视图中的剖面线相同。

●更改"滑块"剖面线的方向,使其与"钳座"剖面线方向相反。方法如下:

更改主视图中"滑块"剖面线方向:选择主视图中"滑块"剖面线,单击鼠标右键,在打开的快捷菜单中选择"图案填充编辑"选项,如图 6-36 所示。打开"图案填充编辑"对话框,将"角度"选项改为 90°,则主视图中"滑块"的剖面线旋转 90°。

更改俯视图中"滑块"剖面线方向:利用"特性匹配"命令,使"滑块"俯视图中的剖面线与其主视图中的剖面线相同,如图 6-37 所示。

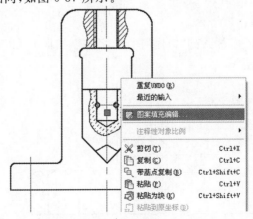

图 6-36　更改"滑块"主视图的剖面线方向

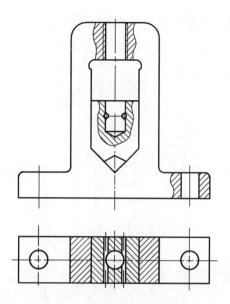

图 6-37 编辑后装配体的图形

（3）插入"螺杆"文件

①插入"螺杆"：使用插入"滑块"方法进行操作。将基点捕捉到"滑块"主视图上销孔圆心点，如图 6-38 所示。

②编辑"螺杆"：此时螺杆作为一整体存在。

● 将其绕基点旋转 90°。

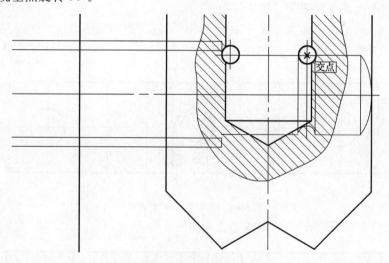

图 6-38 插入"螺杆"

● 分解"螺杆"，删除局部视图和局部放大图。

● 更改"螺杆"主视图的剖面线间距（现在与滑块剖面线相同），方法如上所述，只是在"图案填充编辑"对话框中将"比例"改为 0.6。

③编辑装配体

● 利用"修剪"、"删除"等命令编辑装配体的主视图,如图 6-39 所示。

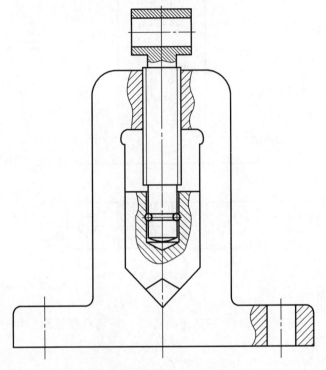

图 6-39　编辑"装配体"主视图

● 利用投影关系绘制俯视图所缺的图线。

● 填充"螺杆"俯视图的剖面线。采用"钳座"俯视图剖面线的填充方法进行操作。

编辑之后装配体的俯视图如图 6-40 所示。

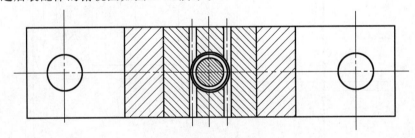

图 6-40　编辑"装配体"俯视图

④绘制销:主视图没有改变,俯视图变为如图 6-41 所示。

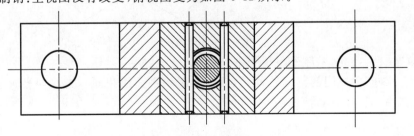

图 6-41　绘制"销"

4.完成装配图的绘制

将刚建立的装配图插入到相应的带明细栏的图框中,标注尺寸及零件序号,完成装配图的绘制。

习 题

一、基础题

绘制如图 6-42 所示装配图,组成装配体的各零件的零件图如图 6-43 所示。

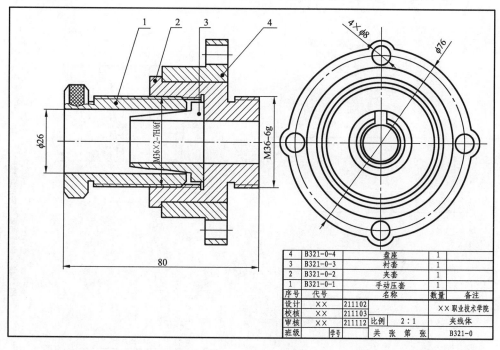

4	B321-0-4	盘座	1	
3	B321-0-3	衬套	1	
2	B321-0-2	夹套	1	
1	B321-0-1	手动压套	1	
序号	代号	名称	数量	备注
设计	××	211102	×× 职业技术学院	
校核	××	211103		
审核	××	211112	比例 2:1	夹线体
班级		学号	共 张 第 张	B321-0

图 6-42 夹线体装配图

二、拓展题

1.绘制如图 6-44 所示的千斤顶装配图,组成装配体的各零件的零件图如图 6-45 所示。

2.绘制如图 6-46 所示铣刀头装配图。

说明:铣刀头整个装配体包括 15 个零件。其中螺栓、轴承、挡圈等都是标准件,可根据规格、型号从用户建立的标准图形库调用或按国家标准绘制。轴零件图如图 6-47 所示,座体零件图如图 6-48 所示,其他零件的零件图如图 6-49 所示。

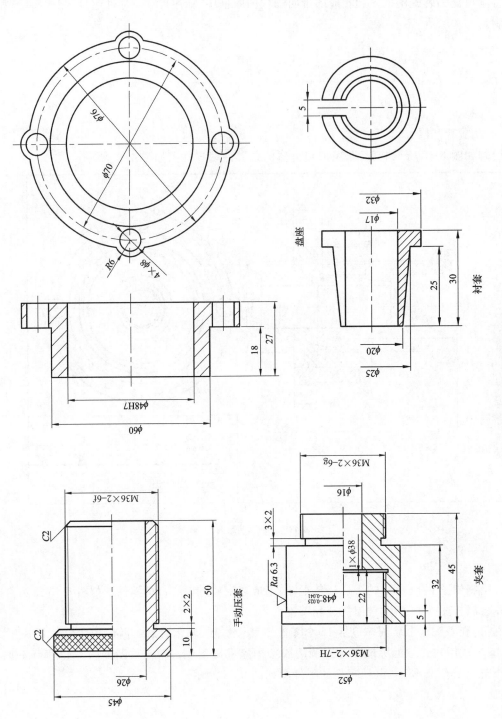

图 6-43 夹线体各零件的零件图

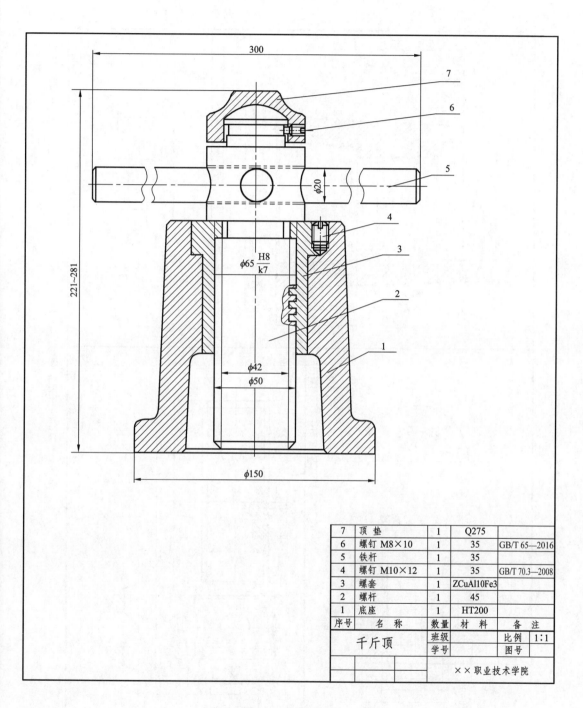

7	顶　垫	1	Q275	
6	螺钉 M8×10	1	35	GB/T 65—2016
5	铁杆	1	35	
4	螺钉 M10×12	1	35	GB/T 70.3—2008
3	螺套	1	ZCuAl10Fe3	
2	螺杆	1	45	
1	底座	1	HT200	
序号	名　称	数量	材　料	备　注

千斤顶	班级		比例	1:1
	学号		图号	
		××职业技术学院		

图 6-44　千斤顶装配图

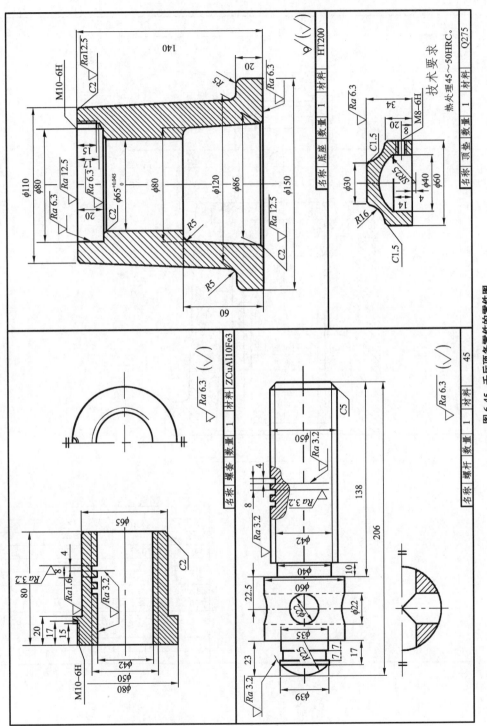

图 6-45　千斤顶各零件的零件图

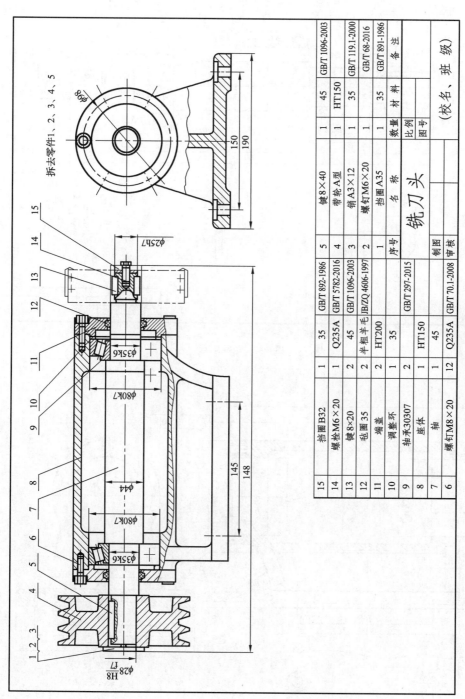

图 6-46　铣刀头装配图

15	挡圈 B32	1	35	GB/T 892-1986
14	螺栓 M6×20	1	Q235A	GB/T 5782-2016
13	键 8×20	2	45	GB/T 1096-2003
12	毡圈 35	2	半粗羊毛	JB/ZQ 4606-1997
11	端盖	2	HT200	
10	调整环	1	35	
9	轴承30307	2		GB/T 297-2015
8	座体	1	HT150	
7	轴	1	45	
6	螺钉 M8×20	12	Q235A	GB/T 70.1-2008
5	键 8×40	1	45	GB/T 1096-2003
4	带轮 A 型	1	HT150	GB/T 119.1-2000
3	销 A3×12	1	35	GB/T 68-2016
2	螺钉 M6×20	1		GB/T 891-1986
1	挡圈 A35	1	35	
序号	名　称	数量	材　料	备　注

铣刀头

制图　　　　　比例　　　　　　（校名、班级）
审核　　　　　图号

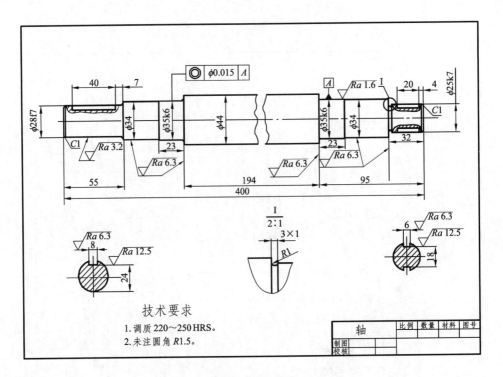

图 6-47　轴零件图

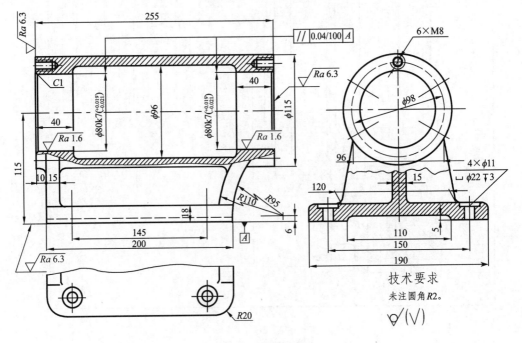

图 6-48　座体零件图

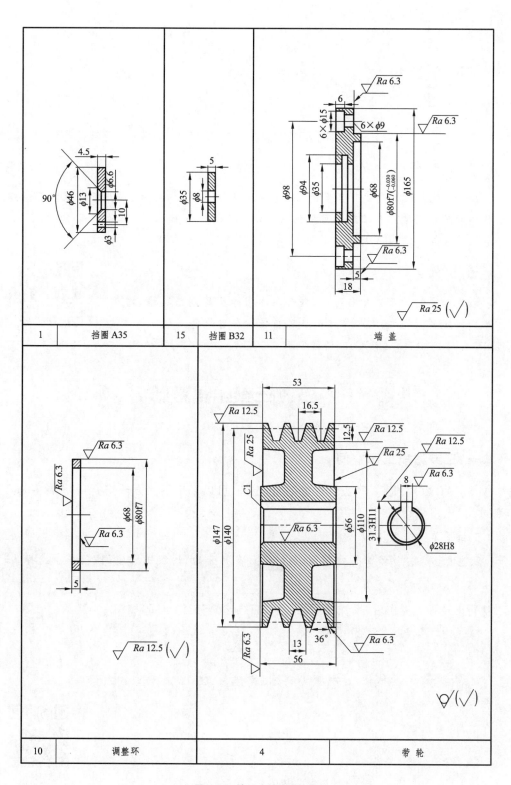

图 6-49　铣刀头其他零件图

单元7
创建三维实体实例

学习要点

AutoCAD 2021 提供了强大的三维绘图功能,利用三维建模,用户可以很方便地建立物体的三维模型。三维建模可以使用 AutoCAD 2021 提供的"三维建模"工作空间,本单元将介绍 AutoCAD 2021 三维建模创建实体的基本知识。

素养提升

激发学生的学习兴趣与潜能,提升与丰富学生的创新思维,培养学生的实践创新能力,增强学生的民族自信心和自豪感。

思政微课堂

7.1 三维绘图基础

一、三维建模工作空间

AutoCAD 2021 提供了"三维建模"工作空间,可以采用下面方法切换到"三维建模"工作空间:

> 下拉菜单:[工具][工作空间][三维建模]
>
> 状态栏:单击"切换工作空间"按钮 ⚙▾,在打开的"切换工作空间"菜单中选择"三维建模"选项

执行上述任一操作后,系统界面切换至"三维建模"工作空间,如图 7-1 所示。

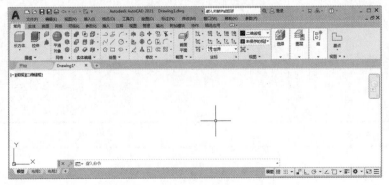

微课

三维绘图

图 7-1 "三维建模"工作空间

二、三维坐标系

AutoCAD 提供了两种坐标系：一种是绘制二维图形时常用的坐标系，即世界坐标系（WCS），由系统默认提供。另一种是用户坐标系，为了方便创建三维模型，AutoCAD 允许用户根据自己的需要设定坐标系，即用户坐标系（UCS）。合理地创建 UCS，用户可以方便地创建三维实体。图 7-2 所示为两种坐标系下的图标。

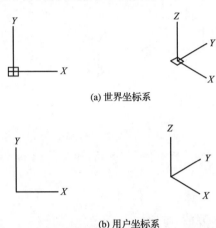

(a) 世界坐标系

(b) 用户坐标系

图 7-2　两种坐标系下的图标

缺省状态时，AutoCAD 的坐标系是世界坐标系。世界坐标系是唯一的、固定不变的，对于二维绘图，在大多数情况下，世界坐标系就能满足作图需要，但若是创建三维模型，就不太方便了，因为用户常常要在不同平面或是沿某个方向绘制结构。

三、视图

在绘制三维图形过程中，常常要从不同方向观察图形，AutoCAD 默认视图是 XY 平面，方向由 Z 轴的正方向观看，看不到物体的高度。AutoCAD 提供了多种观察三维视图的方法，便于从不同的方向观察模型。常用以下几种方法观察视图：

> 功能区面板：＜常用＞＜视图＞＜恢复视图＞
> 下拉菜单：[视图][三维视图]
> 下拉菜单：[视图][动态观察]
> 导航栏："动态观察"按钮⊕
> 导航栏："自由动态观察"按钮⊘

7.2　长方体、倒角边及用户坐标系

任务：绘制如图 7-3 所示的实体。

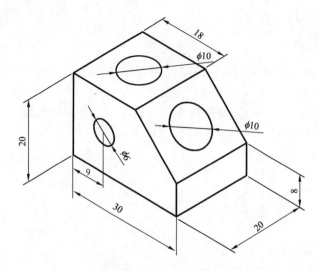

图 7-3   创建三维实体

目的:通过绘制此图形,学习"长方体"、"倒角"命令及用户坐标系的使用方法。

绘图步骤分解:

1. 创建长方体

以下面方法之一调用"长方体"命令:

功能区面板:〈常用〉〈建模〉〈长方体〉
下拉菜单:[绘图][建模][长方体]
命令行窗口:BOX↙

AutoCAD 提示:

命令:_box

指定第一个角点或[中心(C)]:**在屏幕上任意点单击**

指定其他角点或[立方体(C)/长度(L)]:**L** ↙   //选择给定长宽高模式

指定长度:**30**↙

指定宽度:**20**↙

指定高度或[两点(2P)]:**20**↙

绘制出长 30、宽 20、高 20 的长方体。单击功能区"常用"选项卡下"视图"面板上的"恢复视图"按钮,选择"东南等轴测"选项,将视点设为东南方向。单击"视图"面板上的"视觉样式"按钮,选择"隐藏"选项,图形如图 7-4 所示。

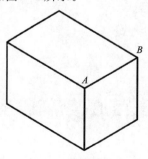

图 7-4   创建长方体

提示、注意、技巧

改变"视觉样式"的方法：单击功能区"常用"选项卡下"视图"面板上"视觉样式"按钮，打开"视觉样式"选项框，如图7-5所示，从中选择所需要的视觉样式。

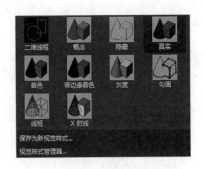

图7-5 "视觉样式"选项框

2. 倒角

以下面方法之一调用"倒角边"命令：

> 功能区面板：＜实体＞＜实体编辑＞＜倒角边＞
> 下拉菜单：[修改][实体编辑][倒角边]
> 命令行窗口：**CHAMFEREDGE**✓

命令：_CHAMFEREDGE 距离 **1 = 1.0000**,距离 **2 = 1.0000**

选择一条边或［环(L)/距离(D)］:**D**✓　　　　　　　//选择"距离 D"选项

指定距离 1 或［表达式(E)］＜1.0000＞:**12**✓　　　//输入距离值12

指定距离 2 或［表达式(E)］＜1.0000＞:**12**✓　　　//输入距离值12

选择一条边或［环(L)/距离(D)］:**在 AB 直线上单击**

选择同一个面上的其他边或［环(L)/距离(D)］:✓　　//回车结束选择

按 Enter 键接受倒角或［距离(D)］:✓　　　　　　//回车完成倒角

结果如图7-6所示。

3. 绘制上表面圆

打开"对象捕捉"及"对象捕捉追踪"功能，调用"圆"命令，捕捉上表面的中心点，以 5 为半径绘制上表面的圆。结果如图7-7所示。

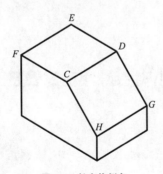

图7-6 长方体倒角

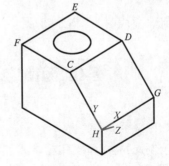

图7-7 绘制上表面圆及建立坐标系

4. 三点法建立坐标系,绘制斜面上圆

(1)三点法建立用户坐标系

可用下面方法调用"三点法"建立用户坐标系：

功能区面板:＜常用＞ ＜坐标＞ ＜三点＞
下拉菜单:[工具][新建 UCS(W)][三点]

命令:_ucs

当前 UCS 名称:＊世界＊

指定 UCS 的原点或 [面(F)/命名(NA)/对象(OB)/上一个(P)/视图(V)/世界(W)/
X/Y/Z/Z 轴(ZA)] ＜世界＞:_3

指定新原点 ＜0,0,0＞:**在 H 点上单击**

在正 X 轴范围上指定点 ＜1.0000,−30.0000,−12.0000＞:**在 G 点单击**

在 UCS   XY 平面的正 Y 轴范围上指定点 ＜0.0000,−29.0000,−12.0000＞:**在 C
点单击**

建立一个新的用户坐标系,如图 7-7 所示。

（2）绘制圆

方法同第 3 步,结果如图 7-8 所示。

5.以所选实体表面建立 UCS,在侧面上画圆

（1）选择实体表面建立 UCS

可用下面方法利用实体表面建立用户坐标系:

功能区面板:＜常用＞ ＜坐标＞ ＜面＞
下拉菜单:[工具][新建 UCS(W)][面]

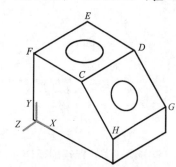

图 7-8   绘制斜面上圆及建立坐标系

命令行窗口:_UCS↙

当前 UCS 名称:＊没有名称＊

指定 UCS 的原点或 [面(F)/命名(NA)/对象(OB)/上一个(P)/视图(V)/世界(W)/
X/Y/Z/Z 轴(ZA)] ＜世界＞:_fa

选择实体面、曲面或网格:**在左侧面上接近底边处拾取实体表面**

输入选项 [下一个(N)/X 轴反向(X)/Y 轴反向(Y)] ＜接受＞:↙   //接受图示结果
结果如图 7-8 所示。

（2）绘制圆

绘制左侧面圆,完成图 7-3 所示图形。

7.3 球、差集、圆角边、用户坐标、视觉样式及动态观察

任务:绘制如图 7-9 所示的物体。

目的:通过绘制此物体,掌握用标准视点和三维动态观察器观
察模型,使用"圆角"命令、布尔运算编辑三维实体。

图 7-9   骰子

绘图步骤分解：

1. 绘制正方体

（1）新建两个图层（功能区"常用"选项卡下"图层"面板上"图层特性"按钮）

图层名	颜色	线型	线宽
实体层	白色	Continuous	默认
辅助层	黄色	Continuous	默认

将"实体层"作为当前层。

在功能区"常用"选项卡下，单击"视图"面板上"东南等轴测"按钮，将视点设置为东南方向，并将"视觉样式"设置为"隐藏"。

（2）绘制正方体操作

调用"长方体"命令，AutoCAD 提示：

命令：_box

指定第一个角点或［中心（C）］：**在屏幕上任意点单击**

指定其他角点或［立方体（C）/长度（L）］：**C**↙　//绘制正方体

指定长度：**20**↙

结果如图 7-10 所示。

2. 挖上表面的一点坑

（1）移动坐标系到上表面

可用下面方法移动用户坐标系：

功能区面板：<常用> <坐标> <原点>
下拉菜单：［工具］［新建 UCS(W)］［原点］

指定正方体的左上角为新的坐标系原点，则坐标系移到正方体的左上角，如图 7-11 所示。

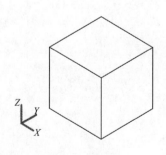

图 7-10　正方体

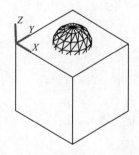

图 7-11　移动坐标系并绘制球体

（2）绘制球体

可用下面方法绘制球体：

功能区面板：<实体> <图元> <球体>
下拉菜单：［绘图］［建模］［球体］

命令：_sphere

指定中心点或［三点(3P)/两点(2P)/切点、切点、半径(T)］：**利用双向追踪捕捉上表面的中心**

指定半径或［直径(D)］：**5**✓

结果如图 7-11 所示。

（3）布尔运算

可用下面方法调用"差集"命令：

功能区面板：＜常用＞ ＜实体编辑＞ ＜差集＞ 或＜实体＞ ＜布尔值＞ ＜差集＞

下拉菜单：［修改］［实体编辑］［差集］

命令：_subtract

选择要从中减去的实体、曲面和面域…

选择对象：**在正方体上单击** 找到 1 个

选择对象：✓   //结束被减去实体的选择

选择要减去的实体、曲面和面域…

选择对象：**在球体上单击** 找到 1 个

选择对象：✓   //完成差集运算

结果如图 7-12 所示（"视觉样式"设置为"二维线框"）。

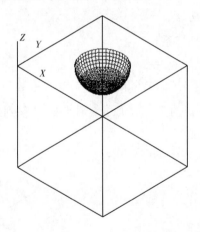

图 7-12 挖一点坑

3. 在左侧面上挖两点坑

（1）旋转 UCS

可用下面方法旋转用户坐标系：

功能区面板：＜常用＞ ＜坐标＞ ＜X＞

下拉菜单：［工具］［新建 UCS(W)］［X］

命令：_ucs

当前 UCS 名称：＊没有名称＊

指定 UCS 的原点或［面(F)/命名(NA)/对象(OB)/上一个(P)/视图(V)/世界(W)/

X/Y/Z/Z 轴(ZA)] ＜世界＞:_x

　指定绕 X 轴的旋转角度 ＜90＞:↙

　执行上述操作后,坐标系绕 X 轴旋转 90°,如图 7-13 所示

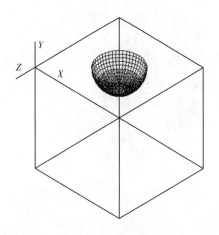

图 7-13　旋转坐标系

（2）确定球心点

在"草图设置"对话框中选择"端点"和"节点"捕捉,并启用"对象捕捉"功能。

选择"辅助层"为当前层,调用"直线"命令,连接对角线。

选择下拉菜单[绘图][点][定数等分]命令,将辅助直线三等分。结果如图 7-14(a) 所示。

（3）绘制球及差集运算

捕捉辅助线上的节点为球心,以 4 为半径绘制两个球。

调用"差集"命令,以正方体为被减去的实体,两个球为减去的实体,进行差集运算,最后 删除辅助线层,结果如图 7-14(b)所示。

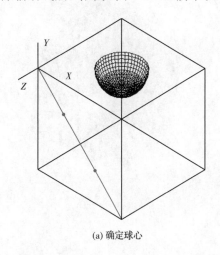

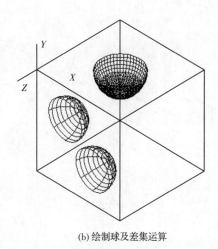

(a) 确定球心　　　　　　　　　　　　　(b) 绘制球及差集运算

图 7-14　挖两点坑

以同样的方法绘制前表面上半径为 3 的三点坑,并将"视觉样式"改为"真实",如图 7-15

所示。

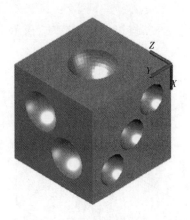

图7-15　挖三点坑并改变"视觉样式"

4.绘制底面上六点坑

(1)动态观察

单击"导航栏"中的"自由动态观察"按钮，激活三维动态观察器视图，屏幕上出现绿色圆圈，将光标移至圆圈内，出现球形光标，按住鼠标左键向上拖动鼠标，使正方体的下表面转到上面全部可见位置。按 Esc 键或 Enter 键退出，或者单击鼠标右键，选择快捷菜单中"退出"选项。

(2)绘制六点坑

同创建两点坑一样，将上表面作为 XY 平面，建立用户坐标系，绘制作图辅助线，定出六个球心点(绘制辅助线过程中，可以关闭"实体层"，如图7-16(a)所示)，再绘制六个半径为2的球，然后进行差集运算。删除辅助作图线，结果如图7-17(b)所示。

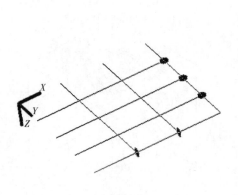

(a) 作图辅助线　　　　　　　　　　　　　　　(b) 挖六点坑

图7-16　绘制六点坑

5.绘制四点坑和五点坑

用同样的方法，调整好视点，挖制另两面上的半径为3的四点坑和半径为2的五点坑。结果如图7-17所示。

6.各棱线圆角

（1）倒上表面圆角

可用下面方法倒圆角：

> 功能区面板：＜实体＞＜实体编辑＞＜圆角边＞
> 下拉菜单：［修改］［实体编辑］［圆角边］

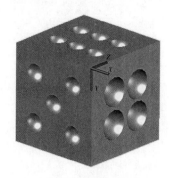

图7-17　挖坑完成

命令：_FILLETEDGE

半径 = 1.0000

选择边或［链(C)/环(L)/半径(R)］：**R**↙

输入圆角半径或［表达式(E)］＜1.0000＞：**2**↙

选择边或［链(C)/环(L)/半径(R)］：　　　//在该提示下依次选择上表面四条棱线

选择边或［链(C)/环(L)/半径(R)］：

选择边或［链(C)/环(L)/半径(R)］：

选择边或［链(C)/环(L)/半径(R)］：

选择边或［链(C)/环(L)/半径(R)］：↙　　//回车结束选择

已选定 4 个边用于圆角。

按 Enter 键接受圆角或［半径(R)］：↙　　//回车完成上表面 4 个圆角

（2）倒下表面圆角

单击"导航栏"中的"自由动态观察"按钮，调整视图方向，使正方体的下表面转到上面四条棱线全部可见位置。然后调用"圆角边"命令，选择下表面的四条棱线，以半径为 2 倒圆角。

（3）倒侧面圆角

再次调用"圆角边"命令，同时启用"自由动态观察"功能，选择侧面的四条棱线，以半径为 2 倒圆角。

至此，图形绘制完成，如图 7-9 所示。

提示：这里倒圆角时不可以为 12 条棱线一次倒圆角，因为 AutoCAD 内部要为倒圆角计算，若这样选择，则会发生运算错误，导致倒圆角失败。

7.4　圆柱、面域、拉伸及并集

任务：绘制如图 7-18 所示的实体。

目的：通过绘制此实体，学习"圆柱"、"拉伸"及"并集"命令的使用。

绘图步骤分解：

1.绘制底板

（1）绘制平面图形

按图 7-18 所示尺寸绘制底面外形轮廓，如图 7-19(a)所示。

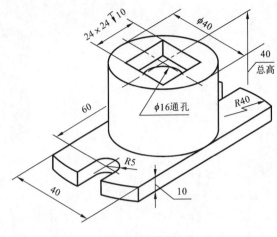

图 7-18　轴座

（2）创建面域

调用功能区"常用"选项卡下"绘图"面板上的"面域"命令,选择所有图形,完成面域创建。

（3）拉伸面域

调用功能区"常用"选项卡下"建模"面板上的"拉伸"命令,选择刚创建的面域进行拉伸,拉伸高度设为 10,"视觉样式"设置为"隐藏",结果如图 7-19(b)所示。

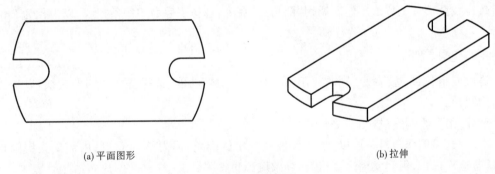

(a)平面图形   (b)拉伸

图 7-19　创建底板

2.创建上部圆柱并与底板合成实体

（1）创建上部圆柱

调用功能区"常用"选项卡下"建模"面板上的"圆柱体"命令,绘制上部圆柱体。

命令：_cylinder

指定底面的中心点或 [三点(3P)/两点(2P)/切点、切点、半径(T)/椭圆(E)]：

　　　　　　　　　　　　　　　　　　　　　　　　　　//捕捉底板上表面中心点

指定底面半径或 [直径(D)]＜8.0000＞:**20**✓　　　　//输入圆柱半径

指定高度或 [两点(2P)/轴端点(A)]＜10.0000＞:**30**✓　　//输入圆柱高度

（2）合成实体

调用功能区"常用"选项卡下"实体编辑"面板上的"并集"命令,选择底板及圆柱两个实体,将其合成一个实体,结果如图 7-20 所示。

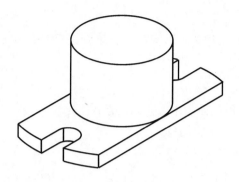

图 7-20　创建上部圆柱并合成实体

3. 创建方孔

（1）创建长方体

输入"长方体"命令：

命令:_box

指定第一个角点或［中心（C）］:C✓　　　// 中心点已知,所以选择"C"选项

指定中心:捕捉圆柱上表面圆心

指定角点或［立方体（C）/长度（L）］:L✓　　// 绘制长方体,所以选择"L"选项

指定长度:＜正交 开＞ 24 ✓　　　// 打开"正交"模式,输入长度尺寸 24

指定宽度:24 ✓

指定高度或［两点（2P）］:20✓　　// 高度 20,由于选择以中心点为参考
　　　　　　　　　　　　　　　　点创建,所以长、宽、高的尺寸均以
　　　　　　　　　　　　　　　　中心点为基准向两边对称量取

结果如图 7-21（a）所示。

（2）挖方形孔

调用功能区"常用"选项卡下"实体编辑"面板上的"差集"命令,进行差集运算,结果如图
7-21（b）所示。

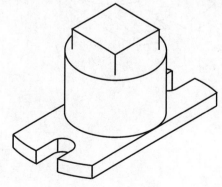

(a) 创建长方体

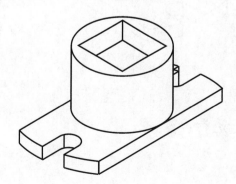

(b) 差集运算

图 7-21　挖方形孔

4.创建圆孔

(1)作辅助线

将"视觉样式"设置为"二维线框",捕捉底板上前后两条线中心,绘制 AB 辅助直线,如图 7-22(a)所示。

(2)创建圆柱

以 AB 直线中点为圆柱底面的中心点,创建半径为 8、高度大于 30 的圆柱,将"视觉样式"设置为"隐藏",如图 7-22(b)所示。

(3)挖圆孔

调用功能区"常用"选项卡下"实体编辑"面板上的"差集"命令,进行差集运算,结果如图 7-22(c)所示。

至此,实体创建完成。

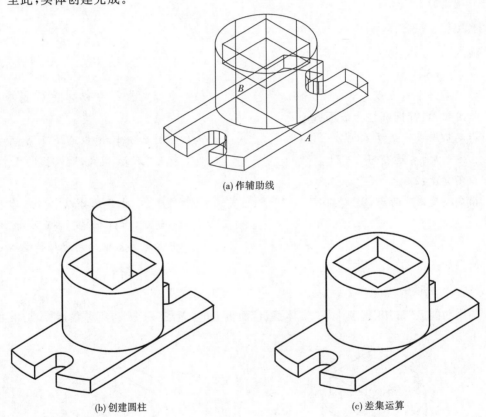

(a) 作辅助线

(b) 创建圆柱   (c) 差集运算

图 7-22   挖圆孔

补充知识 >>>

"拉伸"命令介绍

(1)"拉伸"的命令选项

方向(D):通过指定的两点确定拉伸的长度和方向。

路径(P):对拉伸对象沿路径拉伸。可以作为路径的对象有直线、圆、椭圆、圆弧、椭圆弧、多段线、样条曲线等。

倾斜角(T):用于拉伸的倾斜角是两个指定点的距离。

(2)可以拉伸的对象有圆、椭圆、正多边形、用矩形命令绘制的矩形,封闭的样条曲线、封闭的多段线、面域等。

(3)路径与截面不能在同一平面内,二者一般分别在两个相互垂直的平面内。

(4)当指定拉伸高度为正时,沿 Z 轴正方向拉伸;当指定拉伸高度为负时,延 Z 轴反方向拉伸。

(5)拉伸的倾斜角度在 $-90°$ 和 $+90°$ 之间。

(6)含有宽度的多段线在拉伸时宽度被忽略,沿线宽中心拉伸。含有厚度的对象,拉伸时厚度被忽略。

7.5　旋　转

任务:由图 7-23 所示手柄平面图建立其立体模型。

目的:通过建立此模型,学习"旋转"命令的使用。

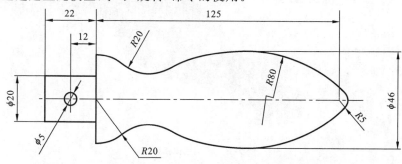

图 7-23　手柄

绘图步骤分解:

1.绘制平面图形

按图 7-23 所示图形与尺寸绘制图 7-24 所示图形。

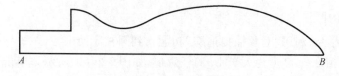

图 7-24　绘制平面图形

2.创建面域

选择图 7-24 所示图形,完成面域创建。

3.创建手柄主体

以下面方法之一调用"旋转"命令:

> 功能区面板:＜常用＞ ＜建模＞ ＜旋转＞
> 下拉菜单:[绘图][建模][旋转]
> 命令行窗口:REVOLVE↙

AutoCAD 提示:

命令:_revolve

当前线框密度:ISOLINES＝8,闭合轮廓创建模式＝实体

选择要旋转的对象或[模式(MO)]:_MO 闭合轮廓创建模式 [实体(SO)/曲面(SU)] ＜实体＞:_SO

选择要旋转的对象或[模式(MO)]:**选择封闭线框** 找到 1 个

　　　　　　　　　　　　　　　　　　　　　// 选择图 7-24 所示的平面图形

选择要旋转的对象或[模式(MO)]:↙　　　// 结束选择

指定轴起点或根据以下选项之一定义轴 [对象(O)/X/Y/Z]＜对象＞:**选择 A 点**

指定轴端点:**选择 B 点**

指定旋转角度或[起点角度(ST)/反转(R)/表达式(EX)]＜360＞:↙

　　　　　　　　　　　　　　　　　　　　　// 接受默认,按 360°旋转

结果如图 7-25 所示。

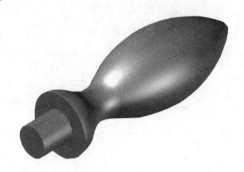

图 7-25　手柄主体模型

4.创建手柄上圆孔

　(1)确定孔的轴心位置

将手柄主体模型的"视觉样式"变成"线框"样式,如图 7-26(a)所示。在左端小圆柱内沿轴线作一条辅助直线。

　(2)建立孔的圆柱体

输入"圆柱"命令,利用"对象捕捉追踪"功能找到圆柱底面中心(距手柄左端中心点距离为 10),给定半径值 2.5,高度为大于 10 的任意值,如图 7-26(b)所示。单击选择刚创建的圆柱体,拖动其红色界标点,向下拉伸到一定长度,如图7-26(c)所示。

　(3)创建圆孔

将手柄主体模型与刚创建的孔的圆柱体进行"差集"运算,并将"视觉样式"变成"真实",结果如图 7-26(d)所示。

至此,实体创建完成。

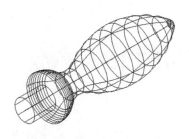

(a)"线框"样式

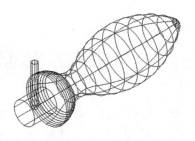

(b)确定孔的中心并创建圆柱体

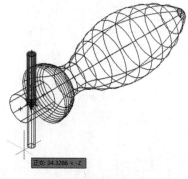

(c)向下拉伸圆柱体

(d)完成模型

图 7-26 手柄模型

补充知识 >>>

"旋转"命令介绍

(1)"旋转"命令选项

指定轴起点:通过两个点来定义旋转轴。AutoCAD 将按指定的角度和旋转轴旋转二维对象。

对象(O):选择一条已有的直线作为旋转轴。

X/Y/Z:将二维对象绕当前坐标系(UCS)的 X/Y/Z 轴旋转。

(2)旋转轴方向

捕捉两个端点指定旋转轴时,旋转轴方向从先捕捉点指向后捕捉点。

选择已知直线为旋转轴时,旋转轴的方向从直线距离坐标原点近的一端指向远的一端。

(3)旋转方向

旋转角度正向符合右手螺旋法则,即用右手握住旋转轴线,大拇指指向旋转轴正向,四指指向为旋转角度方向。

(4)旋转角度

旋转角度为 0°~ 360°。

7.6　三维镜像、复制边、压印及拉伸面

任务：由图 7-27 所示的连杆两视图建立其立体模型。

目的：通过建立此模型，学习"三维镜像"、"复制边"、"压印"和"拉伸面"命令的使用。

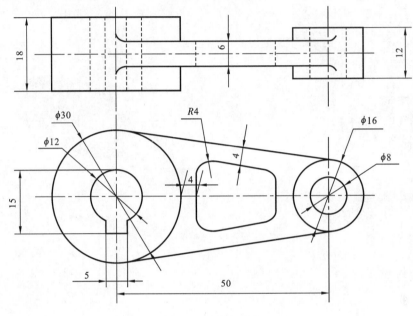

图 7-27　连杆两视图

绘图步骤分解：

1. 绘制平面图形

按图 7-27 所示图形与尺寸绘制图 7-28 所示图形。

2. 创建面域

(1)选择图 7-28 所示图形，创建面域，系统提示创建 4 个面域，利用"差集"运算，建立两端环形面域，如图 7-29 所示。

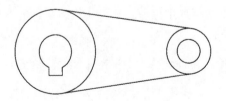

图 7-28　绘制平面图形

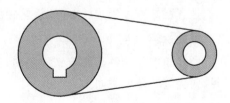

图 7-29　创建面域

(2)图 7-29 中，表示中间连接板的区域没有建立面域，可利用创建"边界"的方法创建面域。

以下面方法之一调用"边界"命令：

> 功能区面板：＜常用＞＜绘图＞＜边界＞
>
> 下拉菜单：[绘图][边界]

系统弹出如图 7-30(a)所示对话框，"对象类型"选择"面域"，单击"拾取点"按钮，在图形两斜线内部区域单击，回车后，此区域完成面域的创建，如图 7-30(b)所示。

（a）"边界创建"对话框　　　　　（b）利用"边界"创建面域

图 7-30　创建面域

3. 拉伸实体

调用"拉伸"命令，将左侧圆环区域拉伸 9，将右侧圆环区域拉伸 6，将中间连接板部分拉伸 3，结果如图 7-31 所示。调用"并集"命令，将三个实体合成一个实体。

4. 镜像实体

以下面方法之一调用"三维镜像"命令：

> 功能区面板：＜常用＞＜修改＞＜三维镜像＞
>
> 下拉菜单：[修改][三维操作][三维镜像]

选择图 7-31 所示模型为镜像对象，选择底面任意三点为镜像平面，得到如图 7-32 所示模型，调用"并集"命令，将两个实体合成一个实体。

图 7-31　拉伸实体　　　　　　　　**图 7-32　镜像实体**

5. 挖切连接板中间孔

（1）绘制平面图形

要挖切去中间部分，应先绘制出中间孔的平面图，可利用实体上已有的边进行绘制。

①调用"复制边"命令，可用以下方法之一：

> 功能区面板：＜常用＞＜实体编辑＞＜复制边＞
>
> 下拉菜单：[修改][实体编辑][复制边]

命令：_solidedit

实体编辑自动检查：SOLIDCHECK＝1

输入实体编辑选项［面(F)/边(E)/体(B)/放弃(U)/退出(X)］＜退出＞:_edge

输入边编辑选项［复制(C)/着色(L)/放弃(U)/退出(X)］＜退出＞:_copy

选择边或［放弃(U)/删除(R)］:**分别选择图 7-33(a)所示四条线段**

选择边或［放弃(U)/删除(R)］:

选择边或［放弃(U)/删除(R)］:

选择边或［放弃(U)/删除(R)］:

选择边或［放弃(U)/删除(R)］:✓　　　　　　　　　　　//结束选择

指定基点或位移:**单击任意一点**

指定位移的第二点:**在基点处单击**

输入边编辑选项［复制(C)/着色(L)/放弃(U)/退出(X)］＜退出＞:✓

则图 7-33(a)所示四条直线复制完成。

②将坐标系移动到四条直线所在平面,利用"偏移"命令将刚创建的四条直线向内偏移
4,修剪之后得到如图 7-33(b)所示图形。

③对刚建立的图形进行倒圆角,得到如图 7-33(c)所示图形。

　　(a)复制四条边线　　　　　　　(b)偏移四条直线　　　　　　　(c)倒圆角

图 7-33　绘制平面图形

(2)创建面域

将上述所创建的图形利用"面域"命令创建面域。

(3)压印

调用"压印"命令,可用以下方法之一:

> 功能区面板:＜常用＞＜实体编辑＞＜压印＞
> 下拉菜单:[修改][实体编辑][压印边]

命令:_imprint

选择三维实体或曲面:**选择实体**

选择要压印的对象:**选择刚创建的面域**

是否删除源对象［是(Y)/否(N)］＜N＞:**Y**✓　　　//删除原来对象,完成压印创建

(4)拉伸面

调用功能区"常用"选项卡下"实体编辑"面板上的"拉伸面"命令,选择刚创建的面域,以
−6 的高度拉伸,再调用"差集"命令得到中间孔,完成结果如图 7-34 所示。

6. 圆角

调用"圆角"命令,以半径 1 创建铸造圆角,如图 7-35 所示。

至此,实体创建完成。

图 7-34 创建中间孔　　　　　图 7-35 创建铸造圆角

补充知识 >>>

压印:通过压印圆弧、圆、直线、二维和三维多段线、椭圆、样条曲线、面域和三维实体来创建三维实体的新面。可以删除原始压印对象,也可保留下来以供将来编辑使用。压印对象必须与选定实体上的面相交,这样才能压印成功。

7.7　阵列、剖切

任务:由图 7-36 所示形体两视图建立其立体模型。

目的:通过建立此模型,学习"阵列"和"剖切"命令的使用。

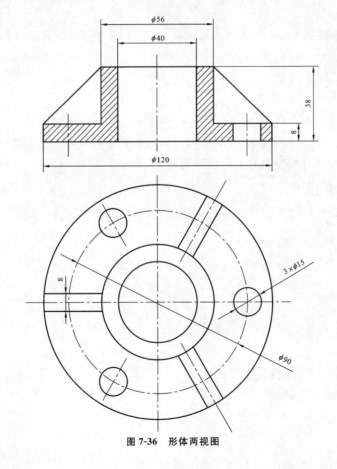

图 7-36 形体两视图

绘图步骤分解：

1. 创建主体结构

按图 7-36 所示图形与尺寸,利用"圆柱"、"并集"和"差集"命令创建形体的主体结构,如图 7-37 所示。

图 7-37　主体结构

2. 创建底板上三个圆孔

由定位尺寸 $\phi90$ 确定一个孔的位置,创建 $\phi15$ 的圆柱体,如图 7-38(a)所示。利用"常用"选项卡下"修改"面板上的"环形阵列"命令创建其余两个圆柱体,如图 7-38(b)所示。利用"差集"命令进行差集运算,完成底板上三个圆孔的创建,如图 7-38(c)所示。

(a)创建圆柱体　　　　　(b)阵列圆柱体　　　　　(c)创建圆孔

图 7-38　创建圆孔

3. 创建三个肋板

(1)绘制肋板底面平面图形并将其创建成面域

利用"直线"、"偏移"、"复制边"和"修剪"命令,绘制肋板底面平面图形,如图 7-39(a)所示。利用"面域"命令对刚绘制的图形创建面域。

(2)拉伸面域的图形

利用"拉伸"命令对上步创建面域的图形进行拉伸,拉伸高度 30,如图 7-39(b)所示。

(3)剖切肋板

调用"剖切"命令,可用以下方法之一:

> 功能区面板:<常用> <实体编辑> <剖切>或<实体> <实体编辑> <剖切>
>
> 下拉菜单:[修改][三维操作][剖切]

命令:_slice

选择要剖切的对象:**选择刚拉伸的肋板**

选择要剖切的对象:↙　　　　　　　　　//回车结束选择

指定切面的起点或[平面对象(O)/曲面(S)/z 轴(Z)/视图(V)/xy(XY)/yz(YZ)/zx

(ZX)/三点(3)]＜三点＞:✓　　　　　　//选择利用三点创建一个切面

　　指定平面上的第一个点:**单击**　　　　//利用"对象捕捉"功能,拾取剖切面上不
　　　　　　　　　　　　　　　　　　　　　在一条直线的三个点

　　指定平面上的第二个点:**单击**

　　指定平面上的第三个点:**单击**

　　在所需的侧面上指定点或[保留两个侧面(B)]＜保留两个侧面＞:**在剖切面的下部分
单击**　　　　　　　　　　　　　　　　//确定保留下部分

　　一个肋板创建完成,如图 7-39(c)所示。

　　(4)阵列肋板并与主体结构合并一体

　　利用"环形阵列"命令创建其余两个肋板,利用"并集"命令进行并集运算,完成形体创
建,如图 7-39(d)所示。

　　至此,实体创建完成。

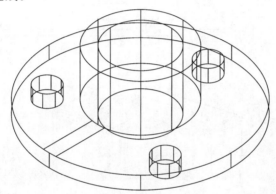

(a)绘制肋板底面平面图形

(b)拉伸创建面域的图形

(c)剖切肋板

(d)阵列并合并

图 7-39　创建肋板

7.8　抽壳、三维旋转

　　任务:由图 7-40(a)所示形体的两视图创建图 7-40(b)所示的实体模型。

　　目的:通过创建此模型,学习"抽壳"和"三维旋转"命令,掌握创建复杂实体模型的方法。

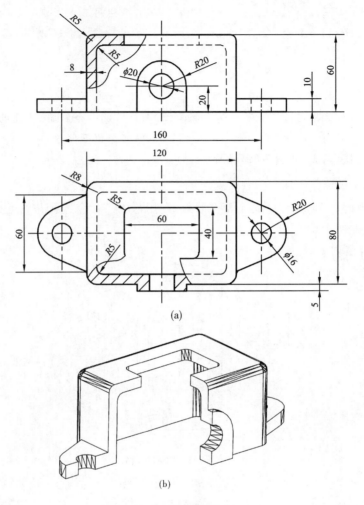

(a)

(b)

图 7-40　创建箱体模型

绘图步骤分解：

1. 新建文件

新建一个文件，设置"实体"层和"辅助线"层。并将"实体"层设置为当前层。将视图方向调整到"东南等轴测"方向。

2. 创建长方体

调用"长方体"命令，绘制长 120、宽 80、高 60 的长方体。

3. 倒圆角

调用"实体"选项卡下"实体编辑"面板上"圆角边"命令，以 8 为半径，对四条垂直棱边倒圆角，结果如图 7-41 所示。

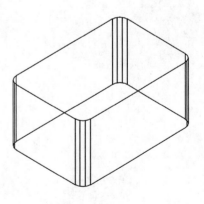

图 7-41　长方体倒圆角

4. 创建内腔

（1）抽壳

调用"抽壳"命令，可用以下方法之一：

> 功能区面板：＜常用＞＜实体编辑＞＜抽壳＞或＜实体＞＜实体编辑＞
> 　　　＜抽壳＞
> 下拉菜单：［修改］［实体编辑］［抽壳］

命令：_solidedit

实体编辑自动检查：SOLIDCHECK＝1

输入实体编辑选项［面（F）/边（E）/体（B）/放弃（U）/退出（X）］＜退出＞：_body

输入体编辑选项［压印（I）/分割实体（P）/抽壳（S）/清除（L）/检查（C）/放弃（U）/退出（X）］＜退出＞：_shell

选择三维实体：**在三维实体上单击**

删除面或［放弃（U）/添加（A）/全部（ALL）］：**选择上表面** 找到一个面，已删除 1 个。

删除面或［放弃（U）/添加（A）/全部（ALL）］：↵

输入抽壳偏移距离：**8**↵

已开始实体校验。

已完成实体校验。

结果如图 7-42 所示。

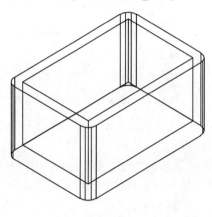

图 7-42　抽壳

（2）圆内角

调用"实体"选项卡下"实体编辑"面板上"圆角边"命令，以 5 为半径，对内表面的四条垂直棱边倒圆角。

5. 创建耳板

（1）绘制耳板端面

将坐标系调至上表面，利用"复制边""直线""偏移""修剪""圆"等命令，绘制耳板端面图形，并将此图形创建面域，结果如图 7-43 所示。

（2）拉伸耳板

调用"拉伸"命令，拉伸耳板端面，高度为－10，并创建耳板上 φ16 的圆孔。

（3）镜像另一侧耳板

调用"三维镜像"命令，复制出另一侧耳板。

（4）布尔运算

调用"并集"命令，将两个耳板和壳体合并成一个实体，结果如图 7-44 所示。

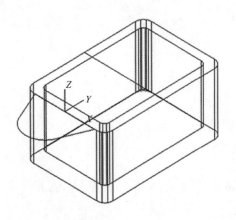

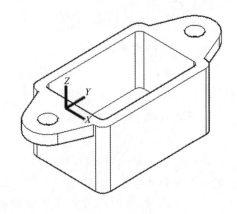

图 7-43　绘制耳板端面　　　　　　　　　　　　　　图 7-44　创建耳板

6. 旋 转

调用"三维旋转"命令,可用以下方法之一:

功能区面板:<常用> <修改> <三维旋转>
下拉菜单:[修改][三维操作][三维旋转]

命令:_3drotate

UCS 当前的正角方向:ANGDIR=逆时针 ANGBASE=0

选择对象:**选择实体** 找到 1 个

选择对象:↙

指定基点:**选择用户坐标系原点**

拾取旋转轴:**光标悬停在绿色椭圆上,椭圆变成黄色,出现绿色的轴线后单击鼠标左键**

指定角的起点或键入角度:**180** ↙

结果如图 7-45 所示。

7. 创建箱体顶盖方孔

调用"直线"、"偏移"、"修剪"、"圆角"、"面域"、"拉伸"、"差集"或"压印"和"拉伸面"等命令,创建长 60、宽 40 的方孔,如图 7-46 所示。

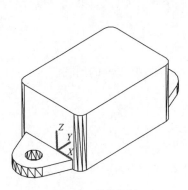

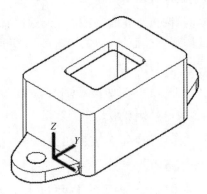

图 7-45　旋转箱体　　　　　　　　　　　　　　图 7-46　创建方孔

8. 创建前表面凸台

调用"直线"、"偏移"、"圆"、"修剪"、"面域"、"拉伸"、"并集"或"压印"和"拉伸面"等命令,创建前表面凸台,如图7-47所示。

9. 倒顶面圆角

将视图方式调整到二维线框模式,调用"实体"选项卡下"实体编辑"面板上的"圆角边"命令,对箱体顶面的外部及内部倒出半径为5的圆角,结果如图7-48所示。

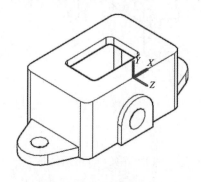

图7-47　创建前表面凸台

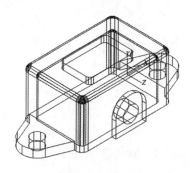

图7-48　倒顶面圆角

10. 剖切

(1)剖切实体成前后两部分

将坐标系移到箱体顶盖方孔左边的中心,然后调用"剖切"命令,AutoCAD提示:

命令:_slice

选择要剖切的对象:**选择实体 找到1个**

选择要剖切的对象:↙

指定切面的起点或[平面对象(O)/曲面(S)/z轴(Z)/视图(V)/xy(XY)/yz(YZ)/zx(ZX)/三点(3)]<三点>:**XY**↙

指定XY平面上的点<0,0,0>:**可选择用户坐标系原点**

在所需的侧面上指定点或[保留两个侧面(B)]<保留两个侧面>:↙

结果如图7-49(a)所示。

(2)剖切前半个实体

调用"剖切"命令,AutoCAD提示:

命令:_slice

选择要剖切的对象:**选择前半个箱体 找到1个**

选择要剖切的对象:↙

指定切面的起点或[平面对象(O)/曲面(S)/z轴(Z)/视图(V)/xy(XY)/yz(YZ)/zx(ZX)/三点(3)]<三点>:↙

指定平面上的第一个点:**在剖切面上捕捉任意不在一条直线上的三点**

指定平面上的第二个点:

指定平面上的第三个点:

在所需的侧面上指定点或[保留两个侧面(B)]<保留两个侧面>:**在右侧单击**

结果如图 7-49(b)所示。

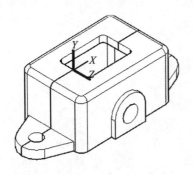

(a)剖切实体成前后两部分

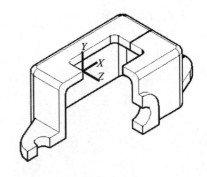
(b)剖切前半个实体

图 7-49　剖切实体

11. 合并实体

调用"并集"命令,将剖切后的实体合并成一个,结果如图 7-40(b)所示。

补充知识 >>>

三维旋转

(1)在执行"三维旋转"命令后,光标样式变为旋转夹点工具,如图 7-50 所示。旋转夹点工具由三个不同颜色的椭圆组成,椭圆的颜色分别与 UCS 坐标轴的颜色相对应,红色椭圆代表 X 轴,绿色椭圆代表 Y 轴,蓝色椭圆代表 Z 轴。指定基点后,旋转夹点工具就固定在基点上,当光标悬停在某个椭圆上时,该椭圆会变成黄色,回车后表示选定该方向(平行于 X 轴、Y 轴或 Z 轴)为旋转轴。从旋转轴的正向向负向看,正角度值使对象绕轴逆时针旋转,负角度值使对象绕轴顺时针旋转。

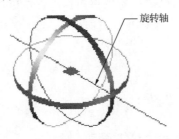
旋转轴

图 7-50　旋转夹点工具

(2)"三维旋转"命令默认只能绕平行于 UCS 坐标轴的轴线旋转,当旋转轴不平行于 UCS 坐标轴时,必须首先通过新建 UCS 命令把 UCS 对齐到旋转轴上,才能使用"三维旋转"命令。

习　题

一、基础题

1.按图 7-51～图 7-55 所示尺寸创建三维实体。

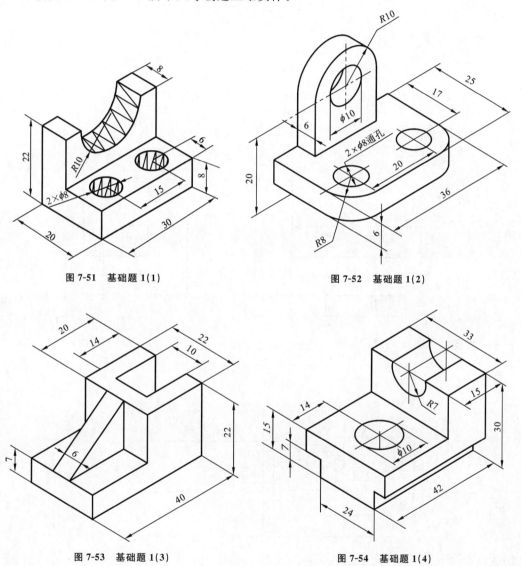

图 7-51　基础题 1(1)

图 7-52　基础题 1(2)

图 7-53　基础题 1(3)

图 7-54　基础题 1(4)

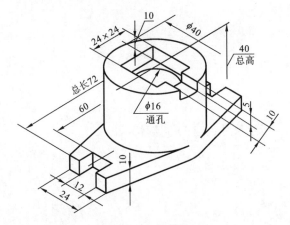

图 7-55　基础题 1(5)

2.由形体视图(图 7-56～图 7-67)创建三维实体。

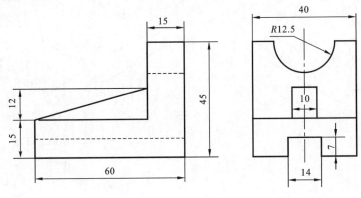

图 7-56　基础题 2(1)

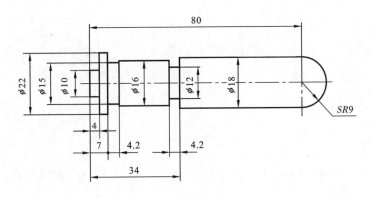

图 7-57　基础题 2(2)

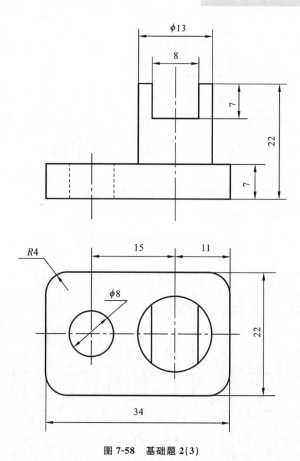

图 7-58　基础题 2(3)

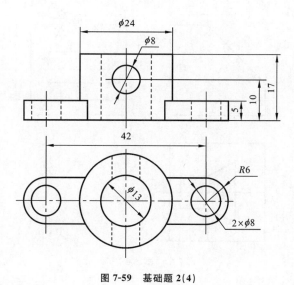

图 7-59　基础题 2(4)

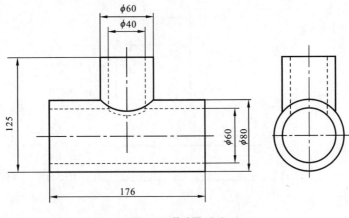

图 7-60　基础题 2(5)

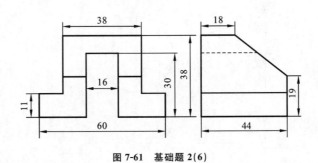

图 7-61　基础题 2(6)

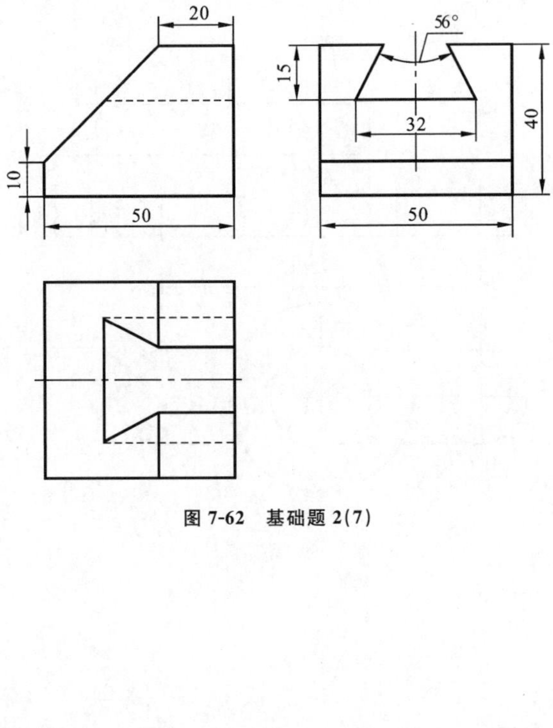

图 7-62　基础题 2(7)

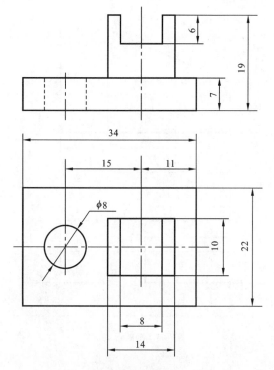

图 7-63　基础题 2(8)

$A-A$

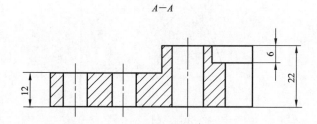

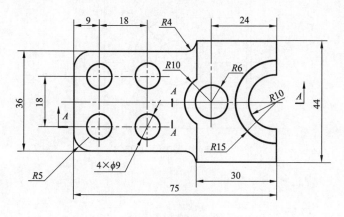

图 7-64　基础题 2(9)

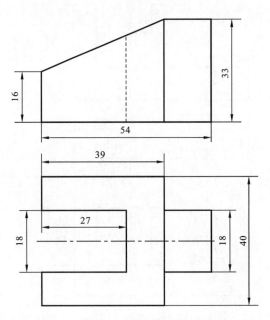

图 7-65　基础题 2(10)

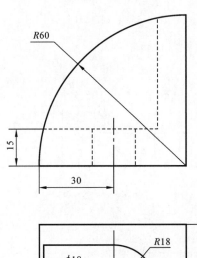

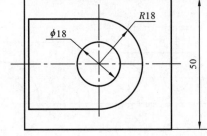

图 7-66　基础题 2(11)

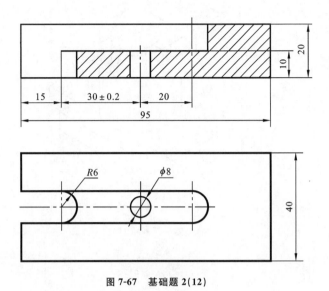

图 7-67　基础题 2(12)

二、拓展题

1.按图 7-68～图 7-71 所示尺寸创建三维实体。

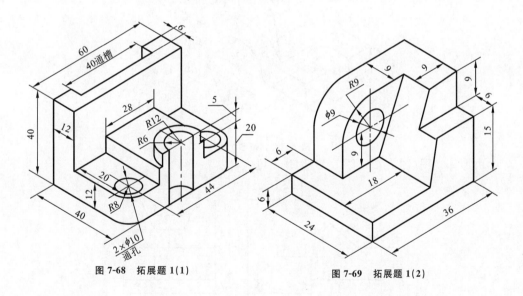

图 7-68　拓展题 1(1)　　　　　　图 7-69　拓展题 1(2)

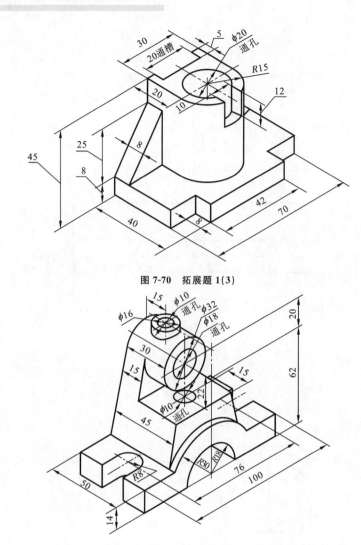

图 7-70　拓展题 1(3)

图 7-71　拓展题 1(4)

2. 由形体视图(图 7-72～图 7-78)创建三维实体。

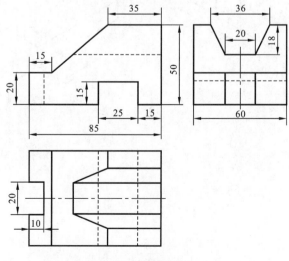

图 7-72　拓展题 2(1)

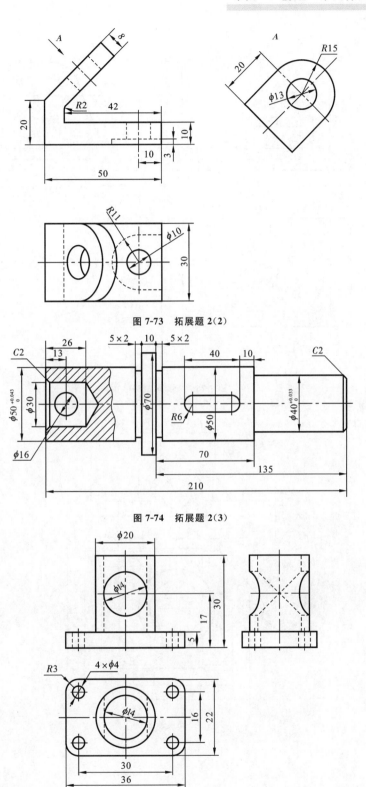

图 7-73　拓展题 2（2）

图 7-74　拓展题 2（3）

图 7-75　拓展题 2（4）

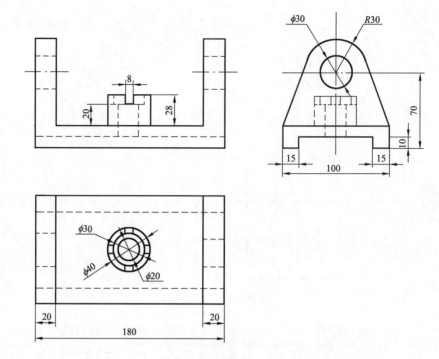

图 7-76　拓展题 2(5)

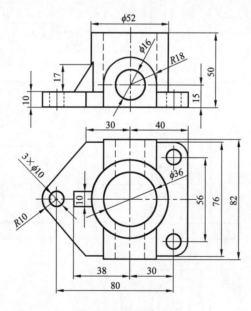

图 7-77　拓展题 2(6)

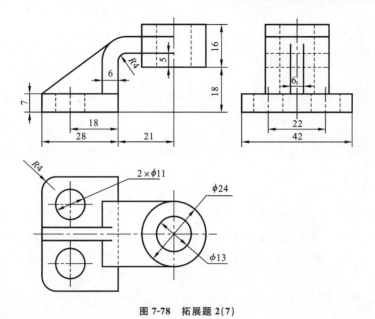

图 7-78　拓展题 2(7)

单元8
图形的打印与输出

8.1 模型空间与图纸空间

一、模型空间与图纸空间的概念

前面各个单元中大多数的工作及内容都是在模型空间中进行的。模型空间是一个三维空间,主要用于平面图形的绘制和几何模型的构建。而图纸空间则用于将模型空间中生成的三维或二维物体按用户指定的观察方向正投射为二维图形,并且允许用户按需要的比例将图摆放在图形界限内的任何位置。

二、模型空间与图纸空间的区别

1. 用途不同

模型空间主要用于创建图形实体,图纸空间用于创建最终的打印布局,一般不用于绘图或设计工作。

2. 操作对象不同

模型空间中操作对象为目标实体,图纸空间操作对象主要是图纸本身。

3. 修改效果不同

模型空间状态下执行缩放、绘图、修改等命令,是对模型本身进行修改,改动效果会反映在模型窗口和其他布局窗口中,图纸空间状态下执行上述命令,仅仅是在布局图上绘图,而不能改变模型本身,这种修改在出图时会打印出来。

4.多视口不同

模型空间中的多视口是固定的,不可改变大小,而图纸空间中的多视口可以自由分割。

模型空间与图纸空间如图 8-1 及图 8-2 所示。

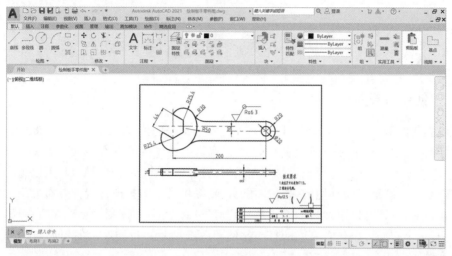

图 8-1　模型空间

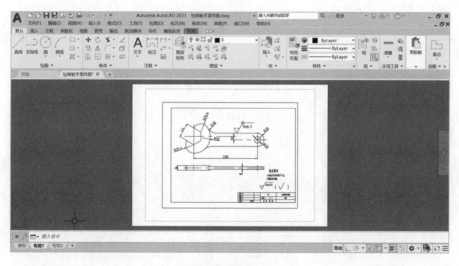

图 8-2　图纸空间

三、模型空间与图纸空间的切换

1.从模型空间向图纸空间切换

可采用下述方法将模型空间切换成图纸空间:

绘图窗口左下角:单击"布局 1"或"布局 2"选项卡
状态栏:单击"模型"按钮,该按钮会变为"图纸"按钮

2. 从图纸空间向模型空间切换

可采用下述方法将图纸空间切换成模型空间：

> 绘图窗口左下角：单击"模型"选项卡
>
> 状态栏：单击"图纸"按钮，该按钮会变为"模型"按钮
>
> 在"存在视口"的边界内部双击鼠标左键，激活该活动视口，进入模型空间

 **8.2　创建和管理布局**

一、创建布局

在建立新图形的时候，AutoCAD 会自动建立一个"模型"选项卡和两个"布局"选项卡。其中，"模型"选项卡用来在模型空间中建立和编辑二维图形和三维模型，该选项卡不能删除，也不能重命名；"布局"选项卡用来打印图形的图纸，其个数没有限制，且可以重命名。

布局是一种图纸空间环境，它模拟图纸页面，提供直观的打印设置。在布局中可以创建并放置视口对象，还可以添加标题栏或其他几何图形。可以在图形中创建多个布局，以显示不同视图，每个布局可以包含不同的打印比例和图纸尺寸。布局显示的图形与图纸页面上打印出来的图形完全一样。

创建布局有很多方法，常用新建布局和利用样板来创建。

1. 新建布局

在"布局"选项卡上单击鼠标右键，在弹出的快捷菜单中选择"新建布局"选项，系统会自动添加"布局 3"的布局。

2. 利用样板

利用样板创建新的布局，操作如下：

（1）在下拉菜单中选择［插入］［布局］［来自样板的布局］选项，系统弹出如图 8-3 所示的"从文件选择样板"对话框，在该对话框中选择适当的图形文件样板，单击"打开"按钮。

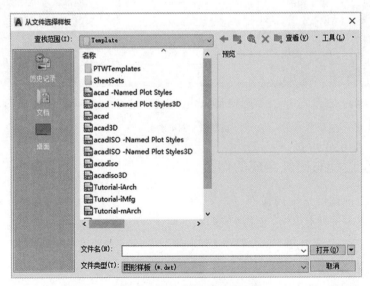

图 8-3　"从文件选择样板"对话框

（2）系统弹出如图 8-4 所示的"插入布局"对话框，单击"确定"按钮，插入该布局。

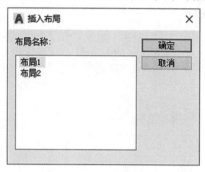

图 8-4　"插入布局"对话框

■■ 二、管理布局

布局是用来排版出图的，选择布局可以看到细实线框，其为打印范围，模型图在视口内。

在 AutoCAD 2021 中，要删除、新建、重命名、移动和复制布局，可将光标放置在"布局"选项卡上，然后单击鼠标右键，在弹出的快捷菜单中选择相应的命令即可实现，如图 8-5 所示。

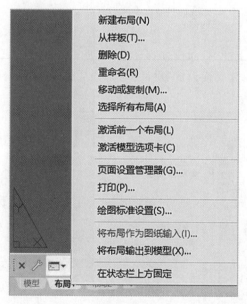

图 8-5　快捷菜单中的命令

8.3　在模型空间打印图纸实例

任务：在 A3 图纸上打印图 6-1 所示支架零件图。

目的：通过完成此任务，学习配置绘图设备和在模型空间输出图形的方法及操作技巧。

绘图步骤分解：

1.打开原始文件，准备输出

打开图 6-1 所示"支架.dwg"文件，选择"输出"选项卡，如图 8-6 所示。

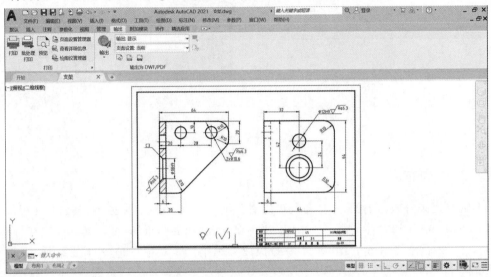

图 8-6   原始文件与"输出"选项卡

2.页面设置

(1)单击"打印"面板上的"页面设置管理器"按钮，系统弹出"页面设置管理器"对话框，单击"新建"按钮，打开"新建页面设置"对话框。在"基础样式"列表框中选择"模型"选项，单击"确定"按钮，如图 8-7 所示。

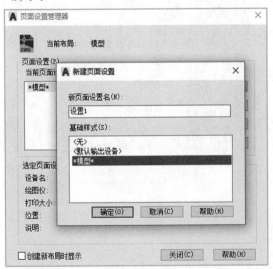

图 8-7   页面设置

(2)系统弹出"页面设置-模型"对话框，在"打印机/绘图仪"选项组中，单击"名称"选项框右侧的下拉按钮，在其下拉列表中选择打印机型号，如图 8-8 所示。

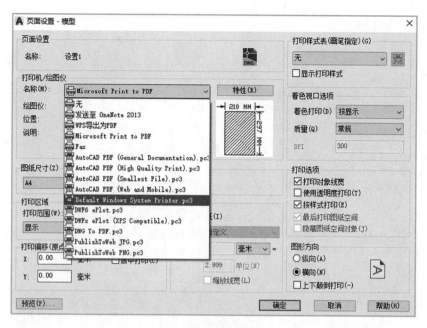

图 8-8　选择打印机型号

（3）单击"图纸尺寸"选项框右侧的下拉按钮，在其下拉列表中选择"A3"选项，勾选"居中打印"和"布满图纸"选项，选择"图形方向"为"横向"，如图 8-9 所示。

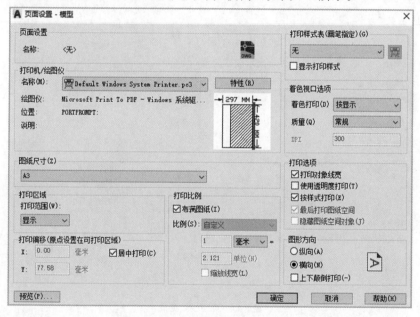

图 8-9　选择图纸等选项

（4）激活"打印范围"选项框，在其下拉列表中选择"窗口"选项，如图 8-10 所示。在绘图窗口中通过指定对角点，框选出打印的范围。确定打印范围后，返回对话框，如图 8-11 所示。

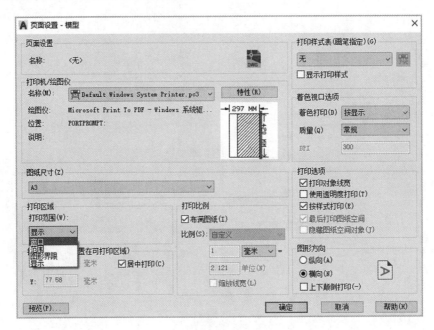

图 8-10　选择打印范围

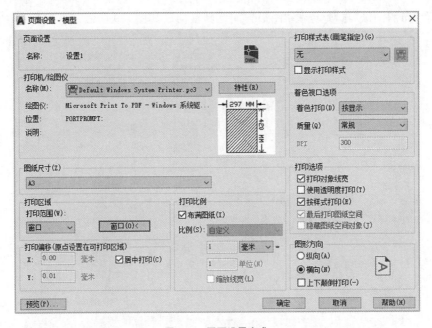

图 8-11　页面设置完成

（5）单击"预览"按钮，打开预览窗口，预览图形打印输出的效果，以便于检查图形的输出
设置是否正确，如图 8-12 所示。

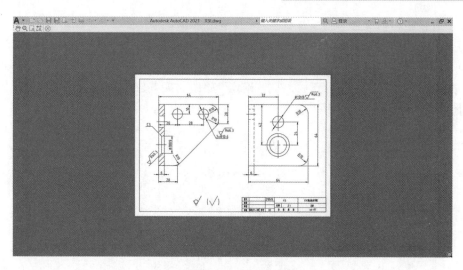

图 8-12　打印预览

3. 打印图形

单击预览窗口顶部的"关闭预览窗口"按钮,关闭当前视图。若用户对图形的打印输出效果满意,则可单击"打印"按钮,开始打印作业。打印完成后,在软件窗口右下角将显示"完成打印和发布作业"信息。

8.4　在图纸空间打印图纸实例

任务: 在 A4 图纸上打印图 7-40 所示箱体的两视图及三维图。

目的: 通过完成此任务,学习配置绘图设备和在图纸空间输出图形的方法及操作技巧。

微课

在图纸空间打
印图纸实例

绘图步骤分解:

1. 打开需要打印的文件

打开单元 7 中保存的箱体两视图文件,如图 8-13 所示。

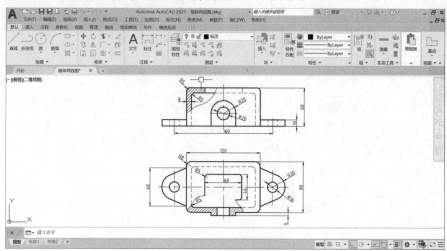

图 8-13　箱体两视图

2. 合并要打印的文件

将箱体的立体图文件插入到箱体两视图文件中,选择"插入"下拉菜单中的"DWG 参照"选项,在打开的"选择参照文件"对话框中选择所要插入的文件,打开"附着外部参照"对话框,进行如图 8-14 所示的设置后,单击"确定"按钮,将箱体立体图插入到箱体两视图文件中,如图 8-15 所示。

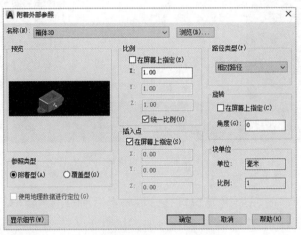

图 8-14　"附着外部参照"对话框

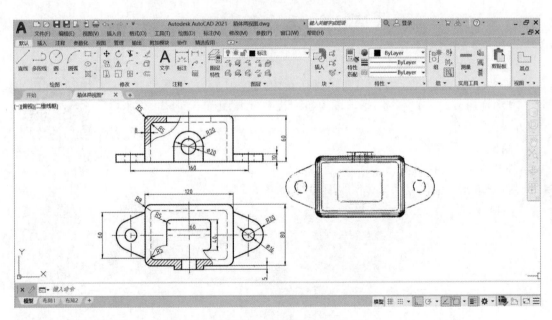

图 8-15　合并两个文件

3. 切换到布局

单击状态栏的"布局 1"选项卡,将模型空间切换成图纸空间,如图 8-16 所示。

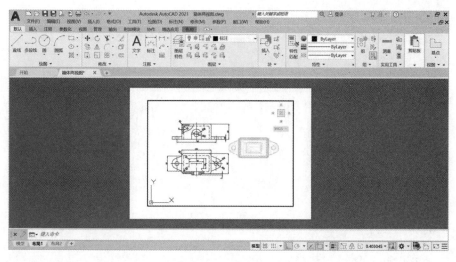

图 8-16　切换到布局

4. 布局的页面设置

页面设置可以对新建布局或已建好的布局进行图纸大小和绘图设备的设置。

在 AutoCAD 2021 中,在图纸空间模式下,可以通过以下方法打开"页面设置管理器"对话框:

> 功能区面板:<布局><布局><页面设置>或<输出><打印><页面设置管理器>
>
> 命令行窗口:PAGESETUP✓

"页面设置管理器"对话框如图 8-17 所示,单击"修改"按钮,打开"页面设置-布局"对话框,在该对话框中对打印机、图纸尺寸及图形方向等进行设置,如图 8-18 所示。

图 8-17　"页面设置管理器"对话框

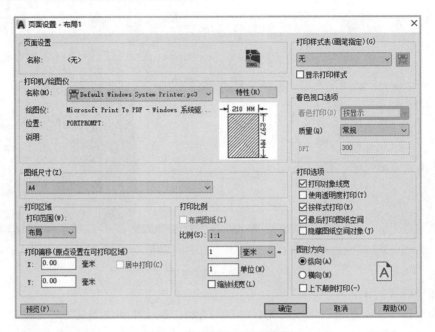

图 8-18　"页面设置-布局"对话框

5.预览打印效果

单击"页面设置-布局"对话框中的"预览"按钮,打开预览窗口(图 8-19),对打印效果进行预览。

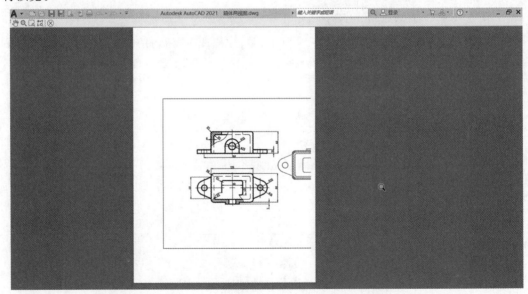

图 8-19　预览打印效果

通过预览效果查看存在视口的布置、视图的方向、绘图的比例等是否存在问题,若存在,则需要回到布局中进行修改。

退出预览窗口,返回"页面设置-布局"对话框,再返回到布局。

6.对视图进行重新布局

(1)调整视口,设置绘图比例

在布局1的图纸空间,调整视口的大小和位置,使两视图在视口内部,选择视口边界后单击鼠标右键,在弹出的快捷菜单中选择"特性"选项,打开"特性"选项板,将其中的"标准比例"设置为1∶2,如图8-20所示。

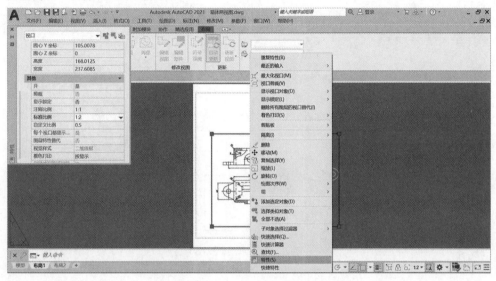

图 8-20　设置打印比例

(2)增加视口

在"布局"选项卡下的"布局视口"面板上单击"矩形"按钮,在原视口的下方拖动,创建一个矩形视口,如图8-21所示。

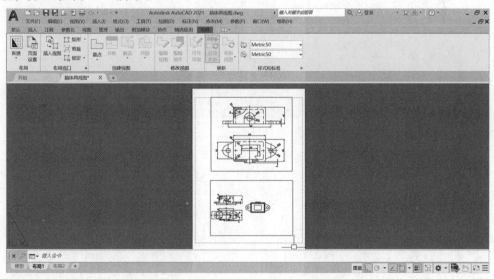

图 8-21　创建矩形视口

（3）调整新视口中图形

①激活新建的矩形视口（单击视口边框），视口边框变粗，单击状态栏上的"图纸"按钮，将图纸空间转换到模型空间，对视口内的图形进行移动、缩放等操作。

②将工作空间切换到"三维建模"工作空间，在"常用"选项卡下"视图"面板上进行设置：将"视觉样式"设置为"真实"，将"视图方向"设置为"东北等轴测"，如图 8-22 所示。

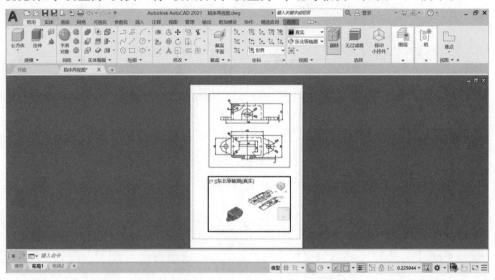

图 8-22　调整新视口中的图形

③剪裁视口，使新视口只展示立体模型。切换到图纸空间，单击"布局"选项卡下"布局视口"面板上的"剪裁"按钮，根据系统提示，选择下面要裁切的视口，在"选择剪裁对象或［多边形（P）］＜多边形＞："提示下回车，取系统默认值"多边形"，然后在视口内单击拾取点，绘出一个多边形，如图 8-23 所示。最后回车结束，完成多边形窗口剪裁，如图 8-24 所示。

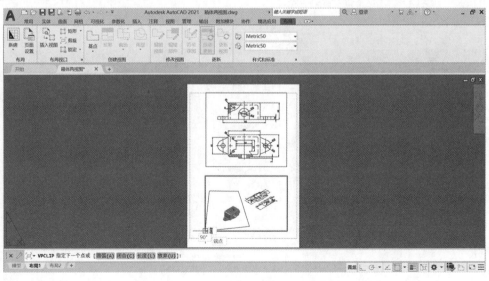

图 8-23　绘制多边形窗口

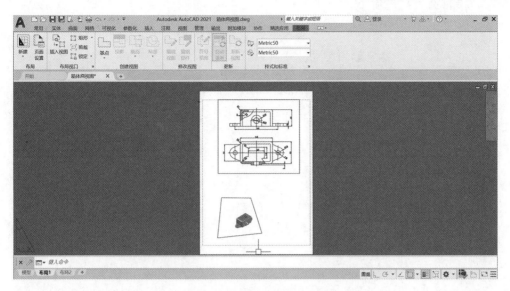

图 8-24　完成多边形窗口剪裁

④修改图形比例

用与上面视口调整比例相同方法,将多边形视口中图形比例调整为 1∶2 ,并调整视口的大小,如图 8-25 所示。

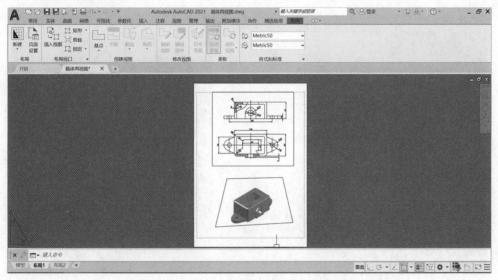

图 8-25　修改图形比例

(4)隐藏视口边框

新建一图层,并设置该图层是不打印图层,如图 8-26 所示,将两个视口的边框线放到该图层上。

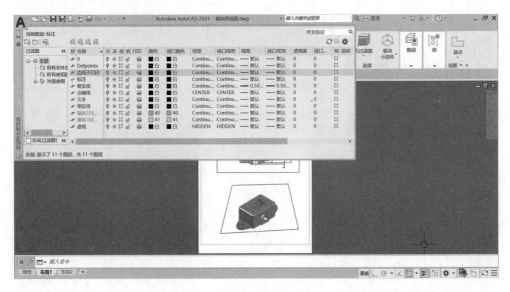

图 8-26　新建一非打印图层

（5）打印图形

①单击"输出"选项卡下"打印"面板上的"预览"按钮，对打印效果进行预览，如图 8-27 所示。

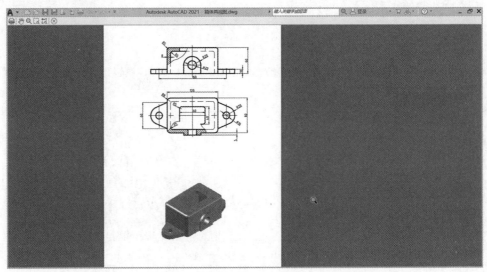

图 8-27　打印预览

②打印图形

用户如果对预览效果满意，即可打印。打印方法：可在预览窗口中单击鼠标右键，在弹出的快捷菜单中选择"打印"选项即可；或者单击预览窗口左上角"快速访问"工具栏中的"打印"按钮。

8.5 图形文件的输出

一、输出文件

用户可以将 AutoCAD 图形对象保存为其他的文件格式,以方便查看。这时要将对象以指定的文件格式输出即可。输出文件的方法如下:单击"输出"选项卡下"输出为 DWF/PDF"面板的"输出"按钮,如图 8-28 所示,即可输出需要的文件格式。

AutoCAD 2021 可输出三种文件格式。

图 8-28 "输出为 DWF/PDF"面板

1. DWF 文件

这是一种图形 Web 格式文件,属于二维矢量文件。用户可通过这种文件格式在因特网或局域网上发布自己的图形。

2. DWFx 文件

DWFx 是 DWF 的一个版本,基于 Microsoft 的 XML 纸张规范(XPS)。通过 DWFx,可以使用免费 Microsoft XPS 查看器查看 DWF 文件。

3. PDF 文件

PDF 是一种电子文件格式,可以对图纸输出查看,使用比较普遍。

二、输出数据

用户可以将 AutoCAD 图形对象输出为其他需要的文件格式,以供其他软件调用。输出文件的方法如下:选择下拉菜单中[文件][输入]选项,打开"输出数据"对话框,在"文件类型"下拉列表中选择所需要的文件类型,如图 8-29 所示。

常用文件类型含义如下:

1. 三维 DWF

该文件可以包含二维和三维模型空间对象,可以创建一个单页或多页 DWF 文件。

2. 图元文件

图元文件即 Windows WMF 格式,包括屏幕矢量几何图形和光栅几何图形格式。

3. ACIS

选择该文件类型,可以将代表修剪过的 NURB 表面、面域和三维实体的 AutoCAD 对象输出到 ASC 格式的 ACIS 文件中。

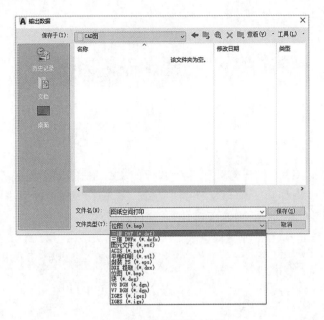

图 8-29　"输出数据"对话框

4. 平板印刷

选择该文件类型,可用平板印刷(SLA)兼容的文件格式输出 AutoCAD 实体对象。实体数据以三角形网格面的形式转换为 SLA。SLA 工作站使用这个数据定义代表部件的一系列层面。

5. 封装 PS

用于创建包含所有或部分图形的 PS 文件。

6. 位图

一种位图格式文件,在图像处理行业中应用相当广泛。

7. V8 DGN

在内部数据结构上和 V7 DGN 格式有所差别,但总体上说它是 V7 版本 DGN 的超集。

8. V7 DGN

基于 Intergraph 标准文件格式(ISFF)定义。

9. IGES

该格式是作为 Pro/ENGINEER、UG、CATIA 等工程数模软件数据间的转换的一种格式。

习　题

一、选择题

1. AutoCAD 允许在哪种模式下打印图形(　　)。

　A. 模型空间　　　　　　　B. 图纸空间　　　　　　C. 布局　　　　　　D. 以上都是

2.在打开一张新图形时,AutoCAD 创建的默认的布局数是(　　)个。

A. 0　　　　　　　　　　B. 1　　　　　　　　　　C. 2　　　　　　　　　　D. 无限制

3.下列哪个选项不属于图纸方向设置的内容(　　)。

A. 纵向　　　　　　　　B. 反向　　　　　　　　C. 横向　　　　　　　　D. 上下颠倒打印

4.在"打印-模型"对话框的哪个选项组中,用户可以选择打印设备(　　)。

A. 打印区域　　　　　　B. 打印比例　　　　　　C. 图纸尺寸　　　　　　D. 打印机/绘图仪

5.要创建多个视口,可以在哪个空间创建(　　)。

A. 模型空间　　　　　　　　　　　　　　　　　B. 图纸空间

C. 模型空间和图纸空间　　　　　　　　　　　　D. 模型空间和图纸空间都不可以

二、填空题

1.AutoCAD 窗口中提供了两个并行的工作环境,即(　　)和(　　)。

2.使用(　　)命令,可以将 AutoCAD 图形对象保存为其他需要的文件格式,以供其他软件调用。

参 考 文 献

[1] 毛璞,张文博、杨卫波.中文版 AutoCAD 辅助设计案例教程[M].北京:中国青年出版社,2018.

[2] 张启光.计算机绘图(机械图样):AutoCAD 2012[M].3 版.北京:高等教育出版社,2018.

[3] 王槐德.机械制图新旧标准代换教程[M].3 版.北京:中国标准出版社,2017.

[4] 刘哲,高玉芬.机械制图[M].7 版.大连:大连理工大学出版社,2018.

[5] 马慧.机械识图一本通[M].北京:机械工业出版社,2020.